東海
風の道文庫
KAZENOMICHI-BUNKO

太古の東海をさぐる

Keisuke Kuroda
黒田啓介

風媒社

1

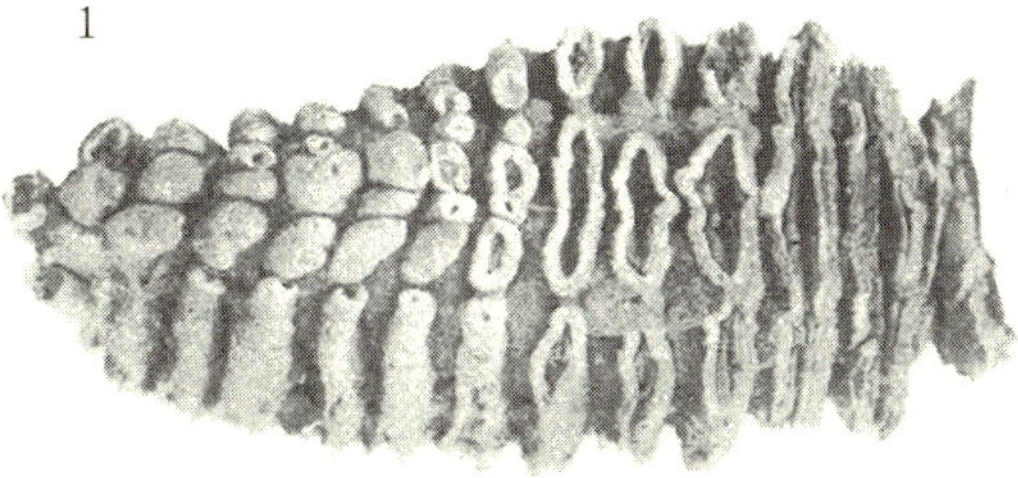

2

ナウマン象の臼歯
1　上面　　2　側面

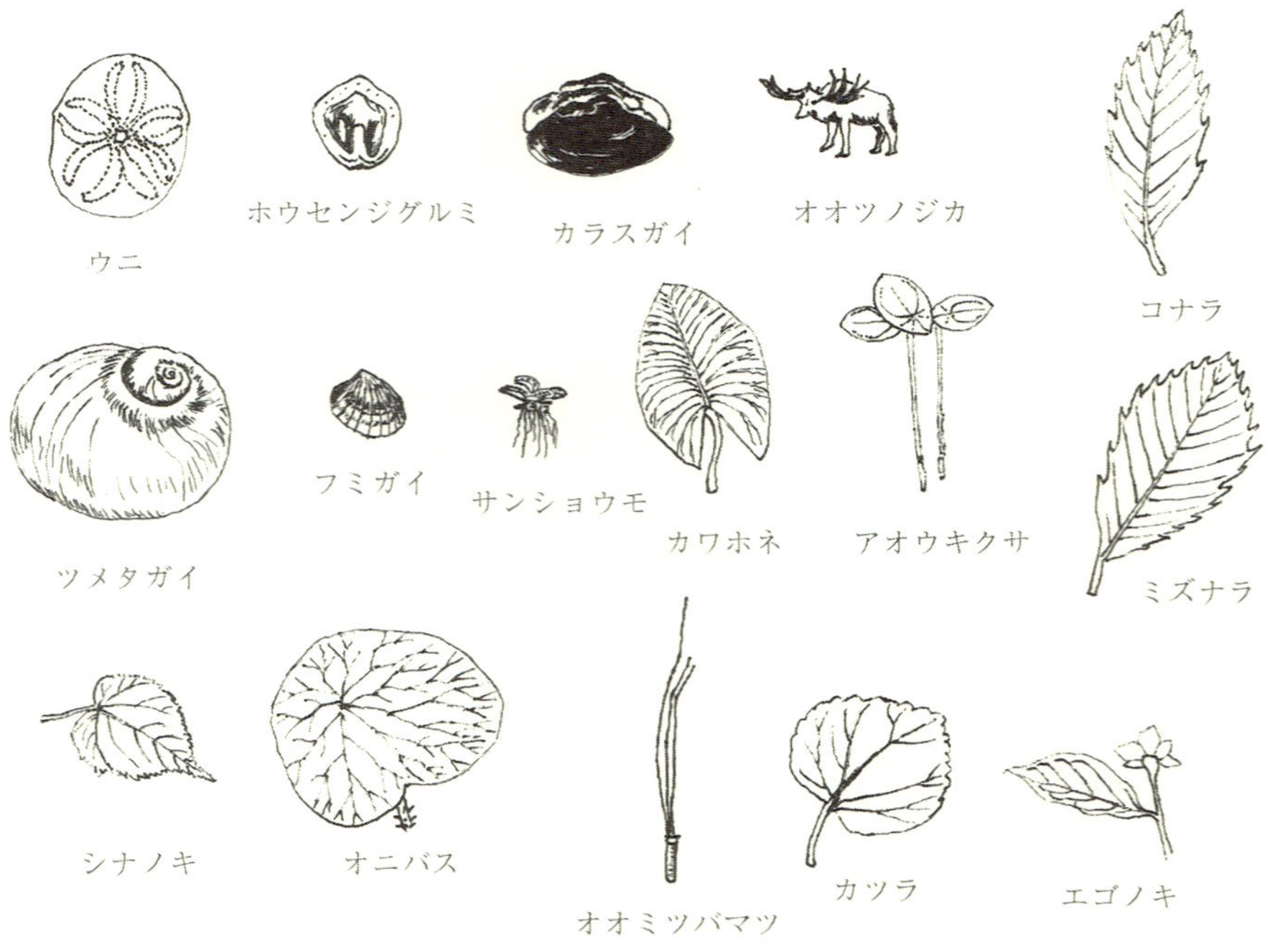
ウニ
ホウセンジグルミ
カラスガイ
オオツノジカ
コナラ
ツメタガイ
フミガイ
サンショウモ
カワホネ
アオウキクサ
ミズナラ
シナノキ
オニバス
オオミツバマツ
カツラ
エゴノキ

浜名湖北方のワニ骨格

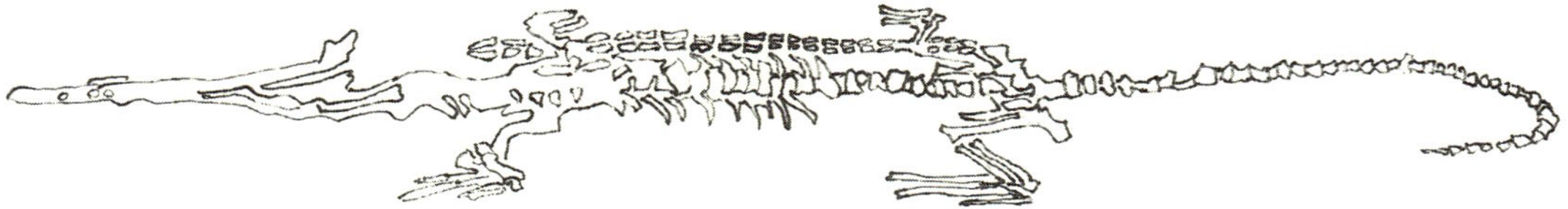

東海地方の洪積層の対比

伊勢湾西岸	名古屋地方	知多半島	渥美半島	浜名湖周辺	御前崎北方	日本平	富士川町西部	
	濃尾層		高師原礫層	三方原礫層	牧ノ原礫層	国吉田礫層		5万年前 ウィルム氷期
坂部累層	第一礫層	多屋層	福江礫層	新所原礫層	笠名段丘堆積物	小鹿礫層		8万年前 リス氷期
久居累層			越戸礫層			草薙礫層		10万年前
高位段丘堆積物	熱田層 第二礫層	野間層　浦戸層	豊橋累層	浜松累層	小笠層群上部：落居礫層 京松原砂層 古谷泥層	久能山礫層	鷺ノ田礫層	25万年前
見当山累層／先志摩層	海部層 第三礫層		田原累層			根古屋累層	緑色シルト層	60万年前 ミンデル氷期
	弥富累層		二川累層		小笠層群中部		白色火山灰層	80万年前

代	地質時代		主な事件	本書で扱った地域
新生代	1万年前 7万年前 70万年前 第四紀 180万年前		洪積世 ヴュルム氷期(ウィルム) リス氷期 ミンデル氷期 ギュンツ氷期 人類時代	豊川 静岡 豊橋・名古屋・浜松・富士川・御前崎 知多・鈴鹿 志摩 袋井
	2250万年前	第三紀	日本アルプス形成 造山運動(ヒマラヤ) 日本の石油形成	掛川・知多・岡崎・東濃・御前崎 奥三河・瑞浪・伊勢
	第三紀 6500万年前	古第三紀	日本の石炭形成 現在より温暖な気候	
中生代	白亜紀 ジュラ紀 三畳紀 2億2500万年前		被子植物出現 日本海誕生 イチョウ・ソテツ 始祖鳥・恐竜 哺乳類出現 アンモナイト時代	岡崎・蒲郡
古生代	ペルム紀 石炭紀 三畳紀 4億900万年前		裸子植物出現 は虫類出現 シダの大森林 大型トンボ 両生類出現	
	シルル紀 オルドビス紀 カンブリア紀 5億4500万年前		魚類出現 三葉虫時代	
先カンブリア代	20億年前 45億年前		石灰藻(コレニア) らん藻が酸素発生 原始の海・大気形成 地球誕生	

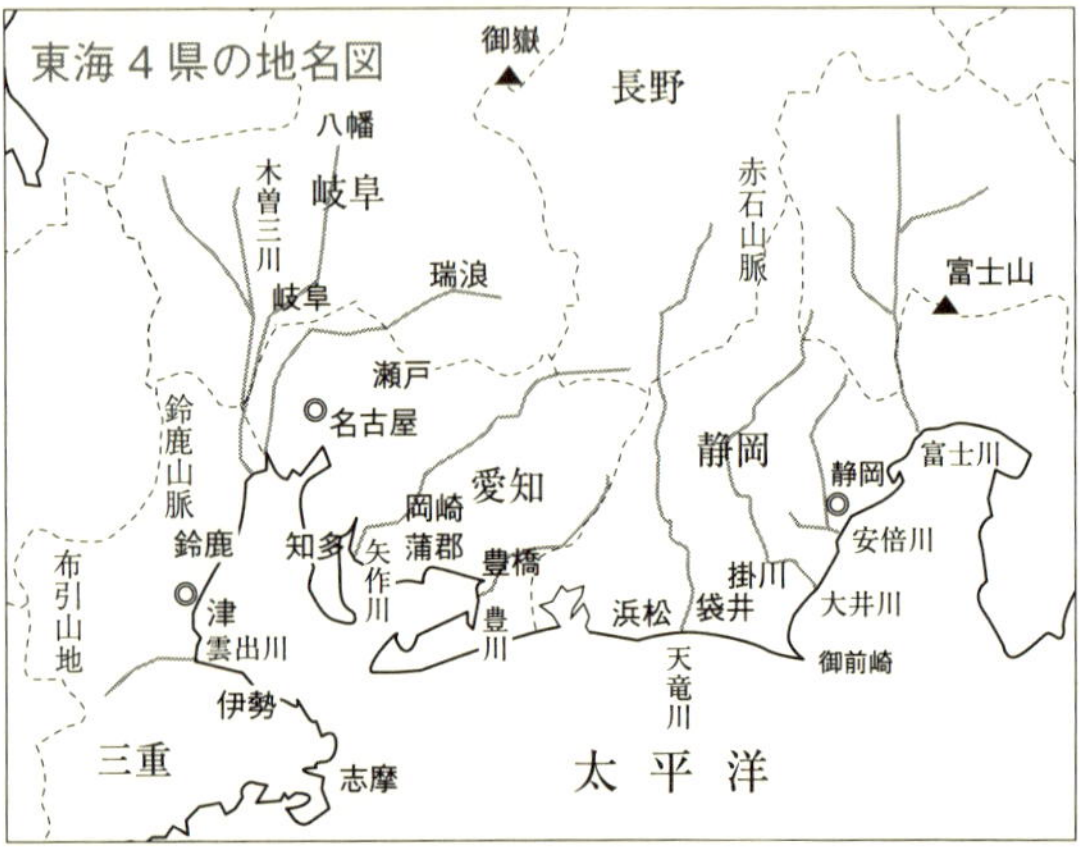

まえがき

今から十数年前に『数十万年前の東海地方はどうなっていたか』という小著を出版したことがある。残念ながら増刷にまでは至らなかったので発売数は限定されたけれども、その後名古屋市の図書館で利用状況を尋ねたところ、数カ所ある市立図書館での利用はいずれも大変好評だったという。また地元の豊橋市中央図書館でも利用者はことのほか多かった。したがって思うに、新聞には取り上げられたものの、宣伝努力が今一つ不足していたのではなかったかと……。加えるに、本書は全国学校図書館協議会の選定図書にも選ばれていたので、東海地方の学校図書館への納品が期待されたのであるが、そちらも現実はそれほどでもなかったのである。

筆者は十年ほど前から研究生活の第一線から引退したのであるが、このままでは東海地方の過去の姿を一般大衆に十分伝えられないで終わるのではないかという危惧を感じ、ここに再び詳細な記述でもって紹介範囲をひとまわり広げながら、研究者諸氏の成果も加えて皆さんに披瀝しようと考えたのである。

私が大学の卒業論文で渥美半島の若い地層を取り上げた当時は、この地方の地質報告はほとんど空白の状態だった。そのため半島の若い地層の一群に渥美層群という名称を私が最初に与えることになり、そのつまびらかな研究結果は何回かに分けて学術雑誌に発表してきたのである。したがって本書でも東三河南部地方について最も紙面を多くさいて紹介している。また静岡県内各地の若い地層も実地調査して回っているので、私見を交えながら紹介していきたいと思う。

岐阜、三重両県の地質に関しては他の研究者の業績に負うところが大きく、専門家向けに出版されている共立出版の「日本の地質」シリーズとか地学団体研究会からの出版物を主として引用し、一般読者にもわかりやすいように嚙み砕いて記述することにした。それでも、読者に内容を理解していただくためには若干の基礎的知識が必要となるので、まずはそのことを先に取り上げるべく若干の解説を試みることにしたい。

このように本書では愛知・岐阜・三重・静岡の四県にまつわる若い地層に関する記述を扱っており、ひどく古い時代については言及していない。およそ八千万年前以降の目ぼしい過去の地理と火山活動、植物景観、動物たちの生きざまなどの自然の姿が中心となっている。気候的には西南日本一帯と関東地方一円はほぼ類似する環境なので、四県以外の他の地域でもかなり参考にはなるだろうし、海面変動は汎世界的な現象だから極地方の氷河の消長をもたらした気候変動にまで思いをめぐらすことも可能であろう。

太古の東海をさぐる　目次

I 地質用語の解説

1　地層名の付け方

地層にはそれが分布する代表的な地方の名前を頭につけて命名することになっている。その単位には大きい方から層群、累層、部層、単層がある。累層と累層との境界は多くの場合不整合面という侵食によるでこぼこ面があって、上下間に時間的な間隙を挟むことが多い。その隙間が何万年とか何十万年、あるいはそれ以上長い場合もあるし、一年未満の短い場合もある。また、ある場合は一部の地域で不整合関係が見られても、その不整合面を追いかけていくと、やがては時間的間隙のない整合になってしまうという、いわゆる部分的不整合という場合も案外多く認められる。

累層がいくつか集まると層群になる。層群よりも大きな単位もあるにはあるけれども、本書で扱う範囲には存在しないので割愛しておく。部層がいくつか集まって累層を形成する。部層同士の境界は整合で、時間的には連続して堆積している。部層にどういうものがあるかといえば、例えば石ころの集まりなら礫層《れきそう》、砂の集まりなら砂層、泥の集まりなら泥層、細かくて粘り気のある粘土なら粘土層、泥と粘土の中間で細かい一様な粒子ならシルト層という場合もある。しかし、部層の中は均一な岩相（顔つき）とは限らない。砂層の中に何本かの礫層を挟む場合も多く、この場合の礫層は単層に属する。この単層には通常名前をつけない場合が多いけれども、火山灰層の単層の場合は名前をつける場合が普通である。部層でも単層でも名前を付ける場合は頭に代表的な分布地域の地名とか特徴を付ける習わしになっている。

　地層の重なり方を示したものを層序という。古い地層を下に置き、順に上に行くほど新しくなる。不整合がある場合は波線を境に入れ、整合の場合は直線を入れる。また部分的不整合（局部的不整合ともいう）の場合は波線と直線を半分ずつにつなげて引いておくのである。

　この規約に則して作った渥美半島の層序は上表のように表わされる。

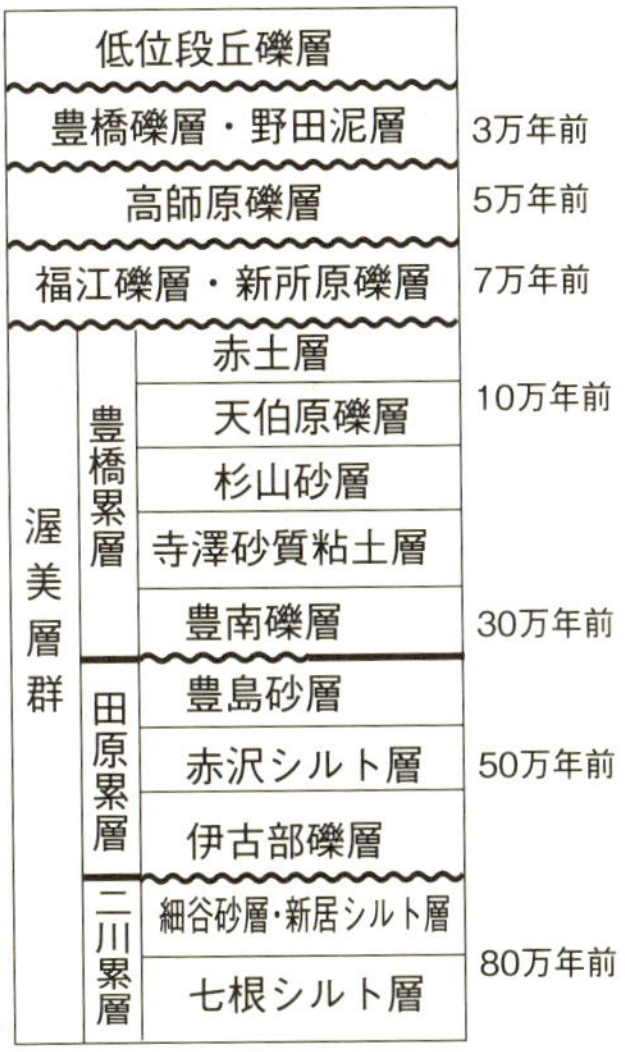

低位段丘礫層	
豊橋礫層・野田泥層	3万年前
高師原礫層	5万年前
福江礫層・新所原礫層	7万年前
渥美層群 豊橋累層 赤土層	
天伯原礫層	10万年前
杉山砂層	
寺澤砂質粘土層	
豊南礫層	30万年前
田原累層 豊島砂層	
赤沢シルト層	50万年前
伊古部礫層	
二川累層 細谷砂層・新居シルト層	
七根シルト層	80万年前

渥美半島第四紀堆積物の層序概要

2　地質時代の区分

今から一万年前までを歴史時代というのに対して、それよりも古い時代を地質時代という。その大きな時代区分は古い方から先カンブリア代、古生代、中生代、新生代の四つである。先カンブリア代は藍藻《らんそう》という海藻が光合成で酸素を作り、大気中に盛んに吐き出したらしい。それは二十億年以上も前の話で、現在でもオーストラリア近海の海には棲息しているという。コレニアという石灰藻も終わり頃になると多くなる。

古生代は六億年前から二億二千万年前の間で、典型的な化石は三葉虫であろう。シーラカンスという原始的な魚も有名で、現在でもアフリカのマダガスカル島沖の深海に棲息する。時々漁師の網に捕らえられている。魚から両生類へ進化したり、二十メートルもある大型の木生シダが森林を形成した時代でもある。羽根を拡げると七十センチ以上もある大型のトンボもいた。中生代は七千万年前頃までで、大型の爬虫類、すなわち恐竜が我が物顔で抜扈《ばっこ》していたり、鳥の祖先が出現した時代である。海の中にはタコ、イカの仲間のアンモナイトがいた。これは現在フィリッピン海域の深海に棲むというオオムガイに最も近いという。中生代の植物の方はイチョウ、ソテツの裸

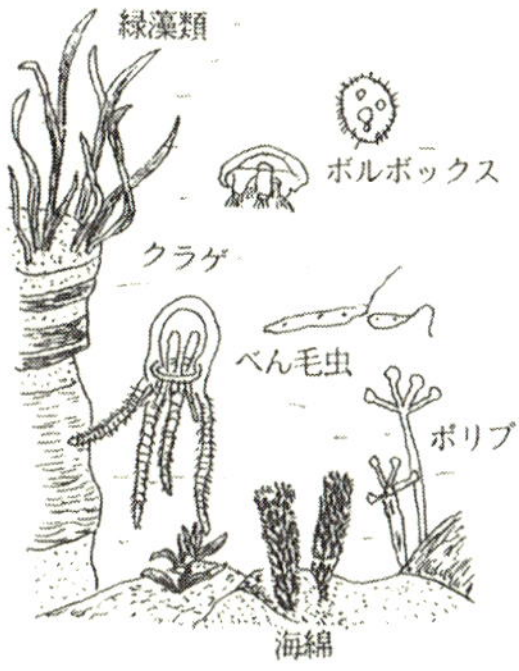

先カンブリア時代の海底
（倉林三郎 1984）

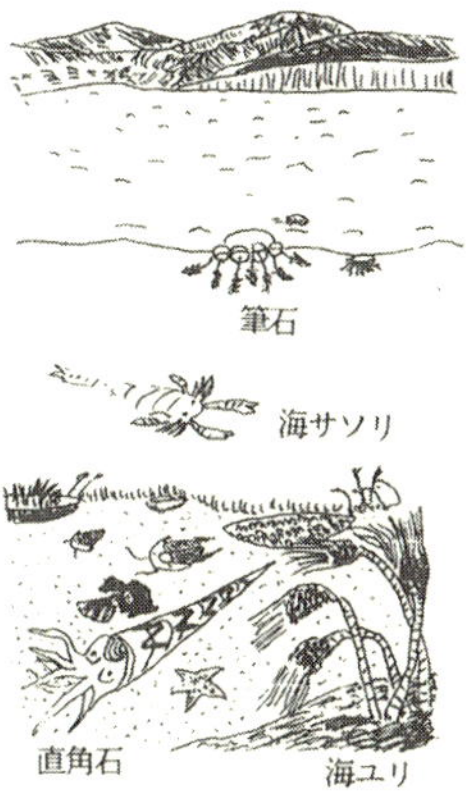

古生代前期の海底

古生代前半以前の海底

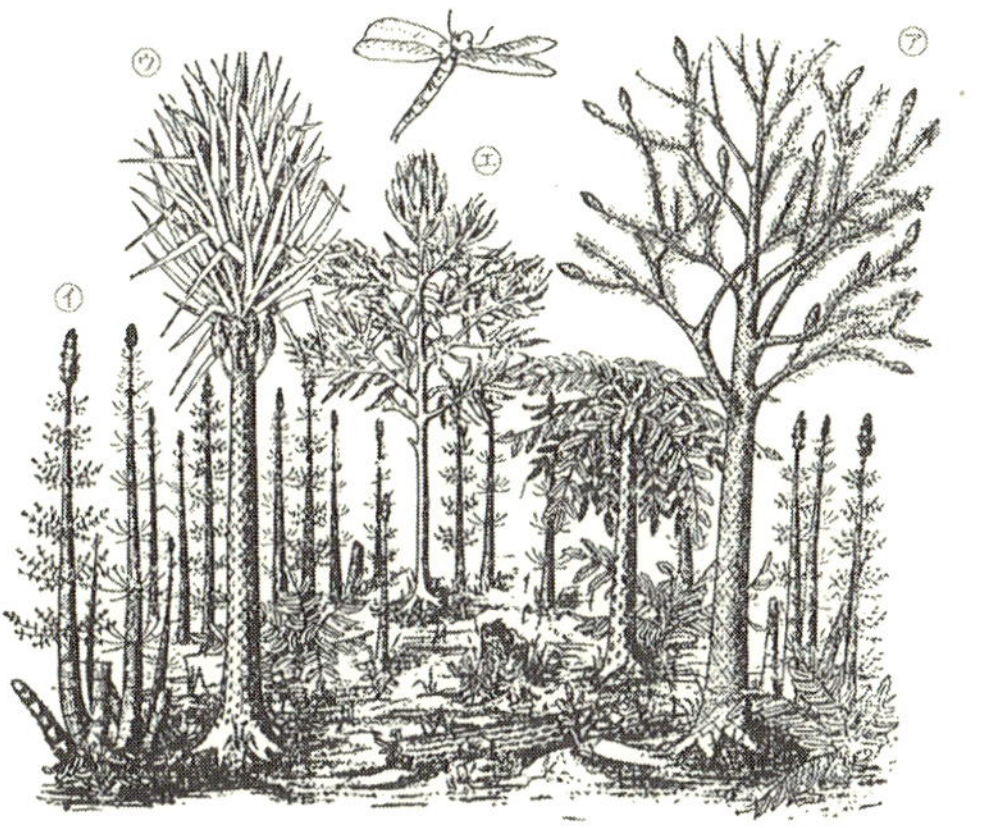

古生代後半の森林

中生代の陸の景観

新第三紀中頃の陸の景観
（倉林三郎 1984 による）

中生代以降の陸上

子植物が全盛を極めた時代である。新生代になると哺乳類の時代に入り、植物では胚珠が子房に包まれる高等な被子植物が増えてきた。わかりやすく言うならば、葉脈が平行に走る植物とか、きれいな花を咲かせる植物が見られるようになったのである。

新生代をさらに細分すると、古い方から古第三紀、新第三紀、第四紀となる。古第三紀は日本の石炭の基になるクスノキの仲間のような温暖系植物が埋もれた時代で、新第三紀は魚や海中プランクトンの沈殿による石油の基を形成した時代である。日本アルプス、ヒマラヤ山脈の造山運動の時期でもある。第四紀の始まりはおよそ二百万年前ぐらいであろうか。第四紀は二つに分かれ、古い方が更新世（洪積世ともいう）、新しい方が沖積世で

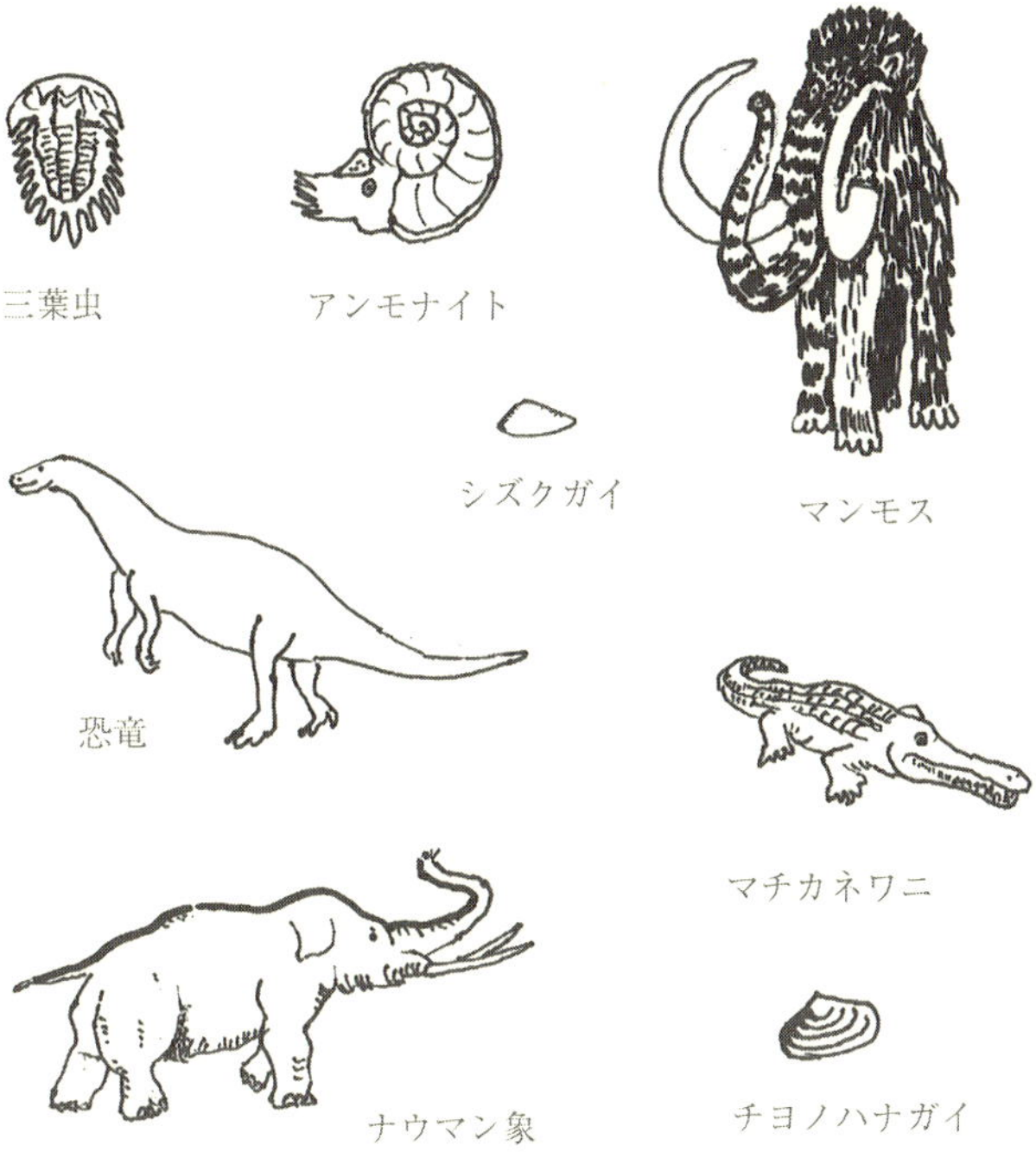

ある。後者は一万年前以降の歴史時代に該当する。更新世で初めて道具を使う人類が出現し始め、その終わり頃に四つの大きな氷河期が地球を襲うことになる。氷河期と氷河期の間は間氷期といい、今日と同じように温暖な気候だったのである。それ以前にもいくつかの寒冷期が認められてはいる。長い密毛で覆われたマンモスは主として終りの方の氷河期

で死んでいる。世界的にみて現在よりも六度から八度くらいは気温が低下した時期である。それに伴って海面が百四十メートルも下がったと計算されているのだ。

3　地殻変動について

海抜数千メートルもある山の頂上近くから貝の化石が発見されることは珍しくないのである。それはかつて海底だった堆積物が隆起したためである。ヒマラヤ山脈、ヨーロッパのアルプス山脈、日本アルプスもまた然りである。すなわち、年数ミリ程度の上昇でも仮に百万年継続すれば数千メートルの山になるわけだ。それでは土地を動かす原動力はどこにあるのであろうか。今から二十数年ほど前になるが、アーサー・ホルムズによってプレートテクトニクス理論が提唱された。

地球の内部は四つの層に分けられ、地表から平均六十キロメートルの深さまでを地殻、その下をマントル、その下は外核、内核となる。二千九百キロメートルの深さにある外核は液体の性質をもつためか地震波のS波（横波）を通さないことがわかっている。それでも小刻みに振動するP波（縦波）は通過するのである。マントルは放射

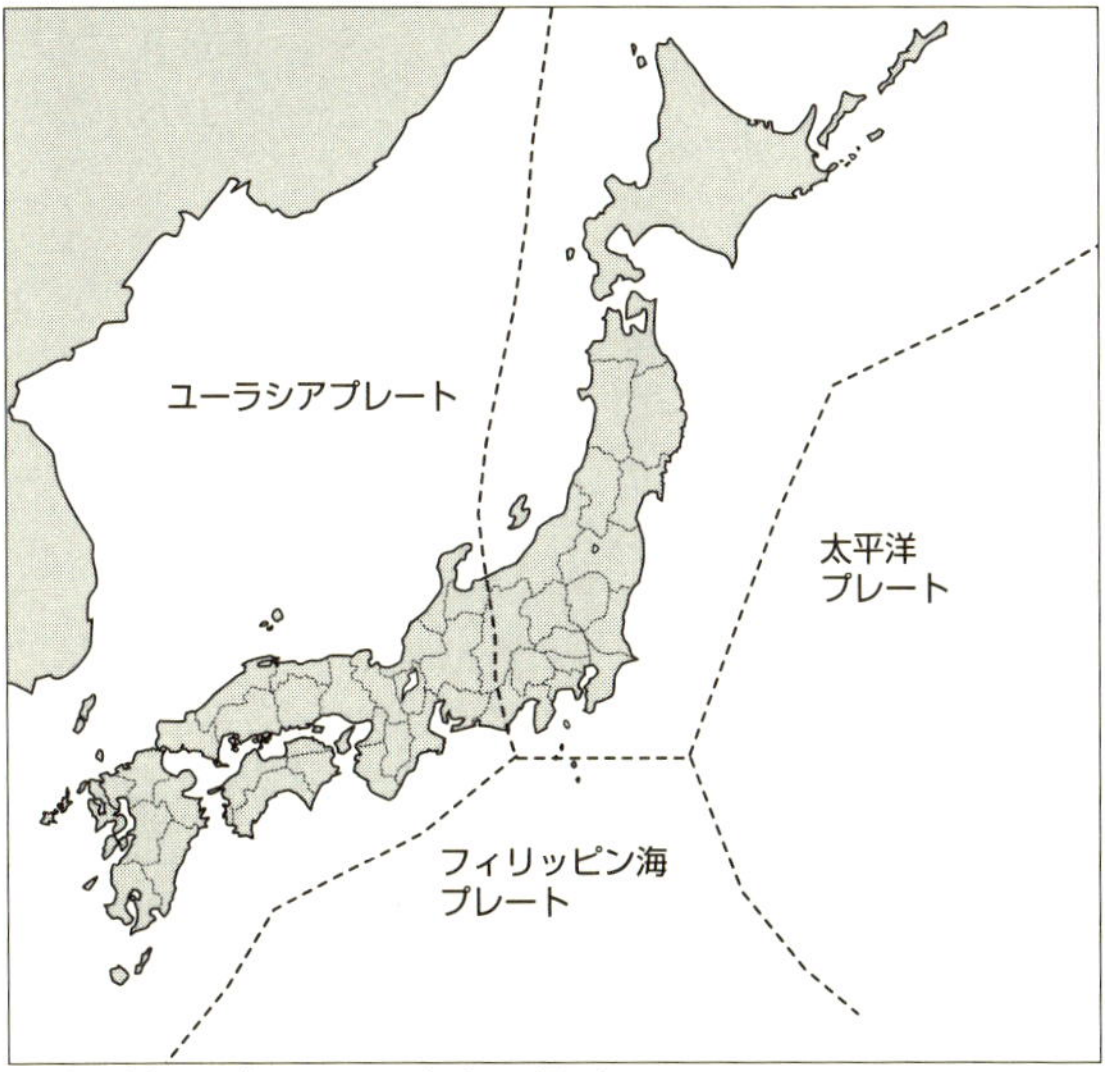

日本列島はプレートの出合う場所にある

性元素の崩壊による発熱で温度が上り、マントル対流というゆっくりした流れを生じている。その湧き上がるところで火山活動を見せる。例えば、ハワイの火山島が北西に新しく生まれていくのもそうだし、大西洋の真ん中を南北に緩やかなS字形を描く高まり、すなわち海嶺もそうである。その延長上にあるアイスランドではいみじくも割れ目の奥に火山を確認できている。一方、マントルの沈み込む所には海溝がある。マリアナ海溝、フィリッピン海溝、日本海溝などはそれに該当する。

マントルの上に乗る厚さ数キロメートル以上の岩板はプレートとい

う。マントル対流の沈み込む場所ではその前方に立ち塞《ふさ》がる別のプレートを押し下げ続ける。日本付近にはフィリッピン海プレートが伊豆半島を富士山にぶつけるように押しており、太平洋プレートの方は東北地方を日本海側へと押している。押されたことでエネルギーを蓄え、やがて一気に反動で跳《は》ね返す。そのとき大地震が発生する。跳ね返って完全に元の状態に戻るわけではなく、少しずつ歪が土地の上昇という形で蓄積していくので長年の間には山脈を形成するのである。

地殻変動には広い地域がほぼ平行して上方に動く造陸運動と山脈を作る造山運動とがある。前者は先カンブリア代のような古い岩盤の分布地域とか大陸氷河の伸縮に応じて海面が上下する相対的な動きからこの運動と読み取れる場合がある。第四紀末期の氷河時代の海面低下は一種の造陸運動と解釈できるであろう。地層に応力が加わると変形する。布団を敷いて、一方を壁にくっつけながら反対側を押していくと曲がりくねった襞《ひだ》が出来るであろう。地層も同様な応力を受けると褶曲《しゅうきょく》という襞《ひだ》を作る。その褶曲が集まると大規模な褶曲山脈となる。第四紀のような若い地層では横幅が縮まらないで、こんもりと盛り上がる形態を示す場合が多く、これは曲隆《きょくりゅう》と呼ばれる。渥美半島や日本平はこのケースである。

応力が地震などで急激に加わると、地層の断絶が発生する。いわゆる断層である。

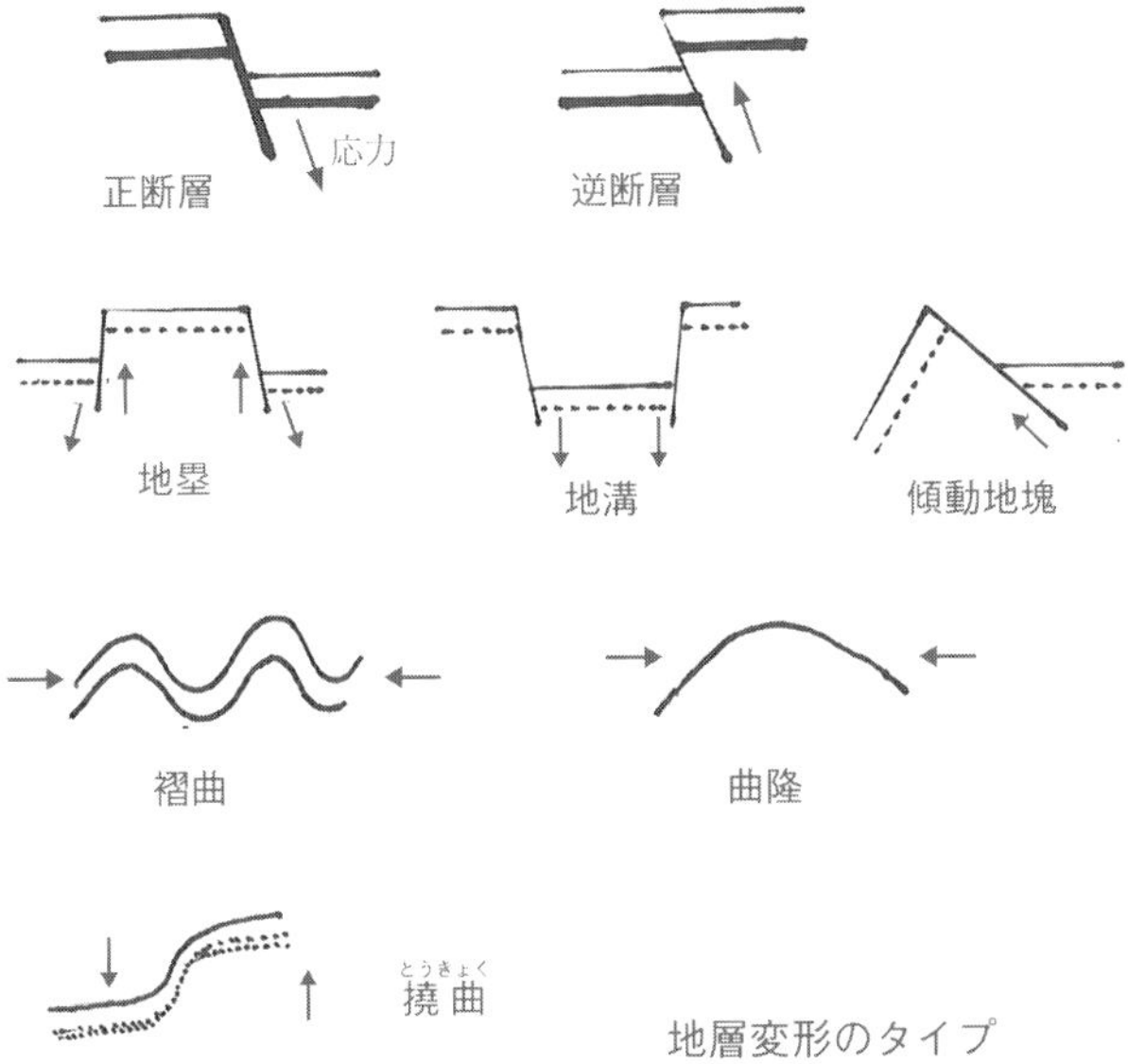

地層変形のタイプ

引き離されて生ずる断層は正断層、押されてずれ上がった場合は逆断層である。先に述べたプレートの押し合いでは通常逆断層となるわけである。水平にずれる場合とか垂直にずれる場合、あるいは回転して蝶つがいにひねる場合もある。断層によって形成される地形に三種類がある。両側が断層で沈下して真ん中が盛り上がった地形は地塁といい、鈴鹿山脈、伊吹山地がその例である。断層で真ん中が陥没した地形は地溝といい、伊豆半島を挟む中央日本が大地溝帯なのである。一方だけ逆断層で突き上げた地形は傾動地塊といって、日本アルプスがその例だという。

4　化石について

今から一万年前より古い地質時代の生物の遺体およびその生活していた痕跡（生痕）を化石と定義する。蟹《カニ》の掘った穴とか動物の足跡、その排泄した糞はいずれも化石であるし、軟弱な木の葉や顕微鏡でないと見つけられない、微細なコノドントとか有孔虫も化石に属する。必ずしも硬く固まっていなくてもいいのである。また遺体その物が溶出して、泥や粘土の中に印象として残る場合も化石として取り扱われる。一方、ミイラの骨格は硬くても、一万年前よりも新しい歴史時代のものだから化石とはならないのである。

化石はその使用目的によって示準化石と示相化石とがある。一つの化石が示準化石になったり、示相化石になったりするというわけだ。示準化石はその化石が発見されることによって時代が判明するものをいう。例えば、三葉虫は古生代を表わすし、アンモナイトなら中生代を示すというわけである。発見される数の多い、こういう著名な示準化石は特に標準化石とも呼ばれ、その利用価値は甚だ高いのである。示相化石の方は堆積環境がわかるものをいう。海水か淡水か、水温・気温や湿度はどうであったか、水深はどうか、などが指標として重要な要素となっている。高等な人類とか適応範囲の広いバクテリアは特定の環境を示さないので示相化石とはなりえない。古生代から生き延びているシーラカンスという原始魚は示準化石からは失格の烙印を押されるる生物なのである。

5　絶対年数の測定

何億年前という古い絶対年数の測定にはウラン—鉛法が活用される。ウランは放射性元素で放射線を出しながら規則正しい比率で崩壊していき、最後は鉛とヘリウムガスになってしまう。一つの原子が鉛に変わると次はお前が変化する番だというように崩壊していくので、残ったウランの量と出来た鉛の量の比較によって時代がわかるのである。ウランは半減期といって量が半分にまで減少するのに実に四十五億年間もか

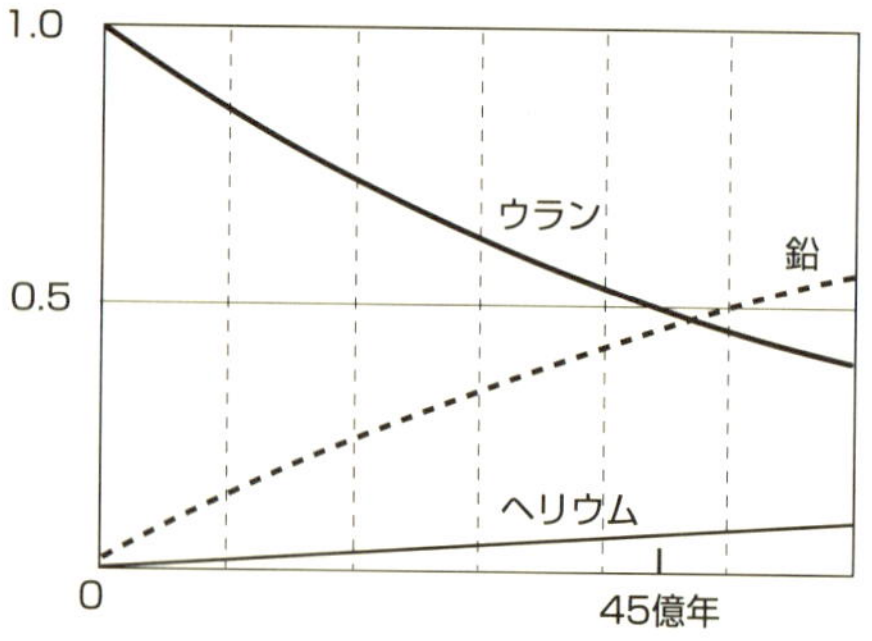

ウラン―鉛法の絶対年数の求め方

かる。だから、どうしても古い時代の測定に向いているのである。新しくても数十万年前あたりが限界なのである。ウランは御影《みかげ》石とも呼ばれる花崗《かこう》岩の中に含まれることが多いので、その岩石の多い我が国では測定材料には事欠かないのである。

三万年前よりも新しい年代測定では放射性炭素法が利用されている。動植物が死んでしまった後は新陳代謝をしなくなるために、外界から炭素を取入れることがなくなる。それ故外界に一定の割合にあった放射性炭素の比率は死後一定の割合で減少していく。通常の炭素の量との比較を求めれば年代がわかるのである。地質時代では精々第四氷期に活用される程度で、むしろ考古学者に重宝がられている測定方法である。

古い年代と新しい年代の中間ではカリウム―アルゴン法とかフィッショントラック法が威力を発揮する。いずれも原理は似ているが、要するに半減期の長さに応じて利用する放射性元素を変えていくのである。測定値は資料の採集の仕方で精度が異なって表われやすいので絶対的な信頼にまでは至っていないのが現状なのである。

6 化石人類

新生代初期の古第三紀に胎盤をもつデルタテリジウムという食虫類がいて、これが猿や人の直接の祖先と考えられている。現在の食虫類といえばモグラ、ハリネズミがいる。さらに古くさかのぼれば、爬《は》虫類の仲間の獣歯類から進化してきたのである。その後キツネザルやメガネザルが枝分かれしていった中で、エジプトで発見されたパラピテクスが古第三紀の終わり頃人類祖先への橋渡しとなって登場する。程なくして猿がここからさらに分かれていったのであるが、新第三紀に入ってドウリオピテクスへと進化の歩みを進めることになる。ドウリオピテクスはヨーロッパ、アフリカ、南アジアから顎の骨などが発掘されており、尾はなくて歯の形が類人猿と人類に共通しているそうである。類人猿のオランウータン、ゴリラ、チンパンジーはほぼ同時期にそれぞれ別のコースの道へと進むのだ。

インド北部で発見されたラマピテクスは顎の骨と大腿骨の一部が出土している。身

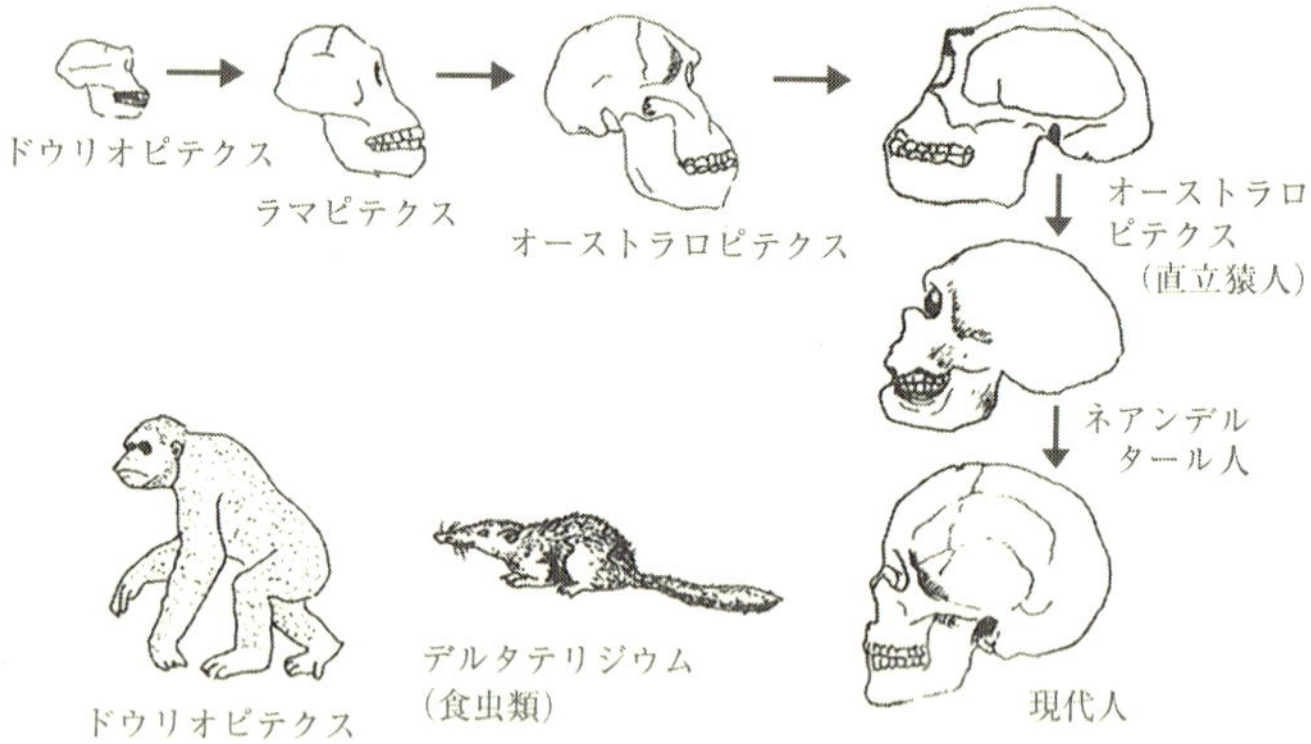

人の進化

長は一メートル程度で猿に近縁の仲間だったらしい。アフリカ東部で発見されたオーストラロピテクスに始まって、ジャワのピテカントロプスとか北京原人の原人段階にまで進化すると頭蓋骨が一段と大きくなってくる。

オーストラロピテクスは最古の人類といわれ、脳の大きさはチンパンジーとゴリラの中間であるが、骨、角、石の道具を使っていたのである。一緒に出るヒヒ、馬、牛の頭骨には打ち砕かれた痕跡が残っている。しかし、彼等猿人および北京原人は眼窩上突起といって、目の上の骨の高まりが目立つ特徴を備えている。現代人でもオーストラリアの原住民にはこの眼窩上突起がみられるそうである。俗に言うヤイバも下等な骨格だし、厚い体毛に包まれている人、乳房をたくさん持っている人、尻尾の残っている人がごく稀に見つかることもある。それは私たちの祖先が犬のような四つ足動物だった証でもあるというわけだ。

ネアンデルタール人はヨーロッパから発見されている化石人類で、骨格が頑丈であったといい、口元の突き出しも幾分弱まってくる。さらに顎が下へ出っ張ってくると共に、頭蓋骨が一回り大きくなると現代人のホモサピエンスに分類される。そういう意味で眺めるとクロマニヨン人は現代人の範疇《はんちゅう》に納まるのである。

日本国内から出現した化石人骨は東京大学にみえた鈴木尚博士が中心となって研究されていた。豊橋市北部に位置する牛川町の石灰岩割れ目から発見された牛川人は洪積世中期というから十万年前よりも若干古いのであろうか。本邦産の確実な化石人骨としては最古だという。静岡県の浜名湖北部の石灰岩の割れ目から産出した三ケ日《みっかび》人および浜北人は比重、フッ素含有量、共存動物から判断して洪積世後期らしいといわれている。つまり牛川人よりも新しく、縄文人の祖先ではないかと考えられるのだ。三ケ日人骨の中にはヒョウのような食肉獣によって噛まれた跡があり、また加工された頭骨もみられ、それに用いた道具は剥片石器だったのではないかという。つまるところ無土器時代のことである。一緒に出る化石動物にはヒョウの他にオオカミ、オオツノジカ、小型のアオモリ象という絶滅種も鑑定されている。沖縄の山下町人、港川人も同時期頃の人類で、放射性炭素法の測定では約三万年前と算出されている。地球上の人類の誕生は二百万年前とも四百万年前ともいわれているが、要するに猿人、原人を経て旧人（ネアンデルタール）にそれぞれ一部が進化し、それからさらに新人（クロマニヨン）という現代人にその一部が変化したという定説は変わっていないのである。

7　最新の化石人類学

チンパンジー、ゴリラ、オラウータンは人類に最も近い類人猿で、人類と袂《たもと》を分けたのは今から七〇〇万年前といわれている。初期の人類は猿人でオーストラロピテクスといい、アフリカで発見されている。類人猿との違いは二足歩行出来るかどうかで識別するという。西アフリカのサハラ砂漠の南にあるチャドでトゥーマイという人骨が発見され、コンピューター処理で破損箇所を補充修正すると、頭蓋骨と脊骨の接続が直立歩行を暗示するという。当時の住んでいた環境は一緒に産出した象、キリン、猿の化石とともにワニや魚も見られたから、緑豊かな水辺だったことも分かる。背丈は一二〇センチというから随分と小柄であった。二足歩行になると、遠くを見渡せたり、暑さを凌げたり、プレゼントに都合がいいなどの利点から進化したのであろうと推測されている。二〇〇万年前には石器を使用していることもわかっている。

アフリカから一〇〇万年前頃にアジアに移動したジャワ原人やその子孫であるフローレス原人は島嶼効果で小型化が進み、身長が一メートルといわれ、火を使いながら一万年前まで生き延びていたという。また、中国では七〇万年前に雲南省にいた元謀人と北の周口店に移動した北京原人が知られている。これらのアジアに移動した原人たちはいずれも私たち現代人のホモサピエンスとは進化系列の違う枝別れした別の種族なのである。

七万年前にヨーロッパに住んでいたネアンデルタール人は五〇万年前に旧人として枝別れした子孫で、ホモサピエンスとは別の系列になる。骨格が頑丈であったらしいけれども、知能の差で次第にホモサピエンスに駆逐されていったようである。

現代人の脳の容積は一五〇〇ミリリットルあるのだが、猿人では五百ミリリットルと小さい。特に前頭葉（おでこ）の大きさに顕著な違いがあり、眼窩突起といって目の上の骨が突き出ているのが原人や猿人の特徴である。前項でも述べたように現代人でもオーストラリアの原住民にはこの下等な特徴が認められる。脳の進化は石器を作り、肉食を始めることでエスカレートしたようだ。八万年前になるとオーカーという、赤い石の表面にデザイン風の線を描いた芸術作品や貝殻の首飾りが現われるようになる。現代人に分類されているクロマニヨン人という新人が描いたというアルタミラの洞窟の動物画も有名である。

Ⅱ　太古の東海地方を展望する

1　豊橋地方

a　八十万年前頃　―現在より二倍も大きかった古三河湾

渥美層群最下部の二川累層が堆積していた頃である。内湾棲のマテガイ、ヒメシラトリ、ウミタケの貝がごく少量ではあるが散見されるので、現在の三河湾のような内湾が広がっていたと推定される。古三河湾の大きさは東は浜名湖よりもさらに東に伸び、西は伊良湖方面にまで及び、さらに南方にも広がっていたので現在よりも二倍程度は大きかったようである。ただし、北の方は現在の三河湾の中央あたりまで陸地が迫っていたのではないだろうか。というのは、後の時代になってのことであるが、岡崎市付近を流れる古矢作川の影響が垣間見られるようになるからである。

外海を隔てる当時の半島はそれほどしっかりした岩盤ではない。御前崎の辺りから南西ないしは西に細長く突き出ていたのだろう。田原市の山々を形成するような固い、強固な岩盤ならばまだ海底地形として若干の名残をとどめるであろうが、その面影は全く見当たらない。だから、おそらく砂や礫《れき》を主体にした比較的軟弱な、砂州のような岩盤だったのであろう。幾分固い岩盤があるとすれば、御前崎の下部に露出する新第三紀に生成した砂岩と泥岩の互層程度だったであろうか。この古三河湾には東側から古天竜川が、北側からは古豊川が、北西方面からは古矢作川が土砂を搬入したであろうが、湾内が広いためか渥美半島基部の表浜海岸一帯には流れの影響が及んでいない。だから礫はなく、わずかに植物の破片が散見されるのみである。

流木片に混じって発見された木の実を見ると、海岸に生育していたコウセキハマナツメという温暖系の絶滅種があった。現生のハマナツメの実は縁に三つの窪《くぼ》みをもつが、化石種には窪みがなくて丸くなっている。また、同じく温暖系絶滅種のコナンキンハゼの種子も採集できた。現生のナンキンハゼは字のごとく中華人民共和国に自生しており、種子のサイズがもっと大粒である。形態は同じであるが……。（46ページ参照）

温暖系のコウセキブナも絶滅種である。ブナは先にも述べたように寒冷系の指標植物となるが、この絶滅種の方は暖帯北部から温帯南部を好んで棲みかとした。乾燥気候では果実が小型化するので、そのサイズから判断すると幾分空気は乾いていたようである。山にはモミ、ツガ、トガサワラ、サワラが高い森林を形成し、平野にはカシ、

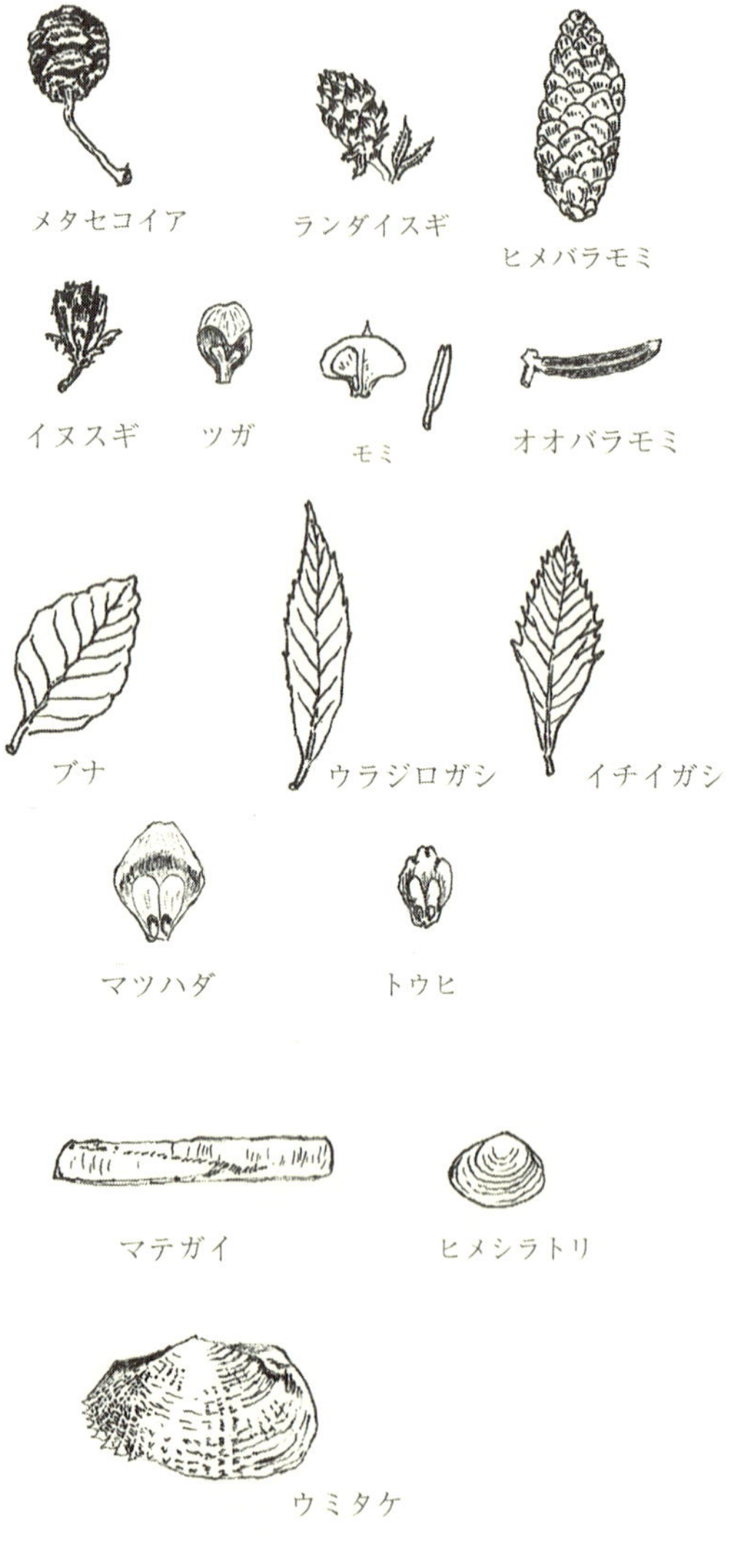
メタセコイア
ランダイスギ
ヒメバラモミ
イヌスギ
ツガ
モミ
オオバラモミ
ブナ
ウラジロガシ
イチイガシ
マツハダ
トウヒ
マテガイ
ヒメシラトリ
ウミタケ

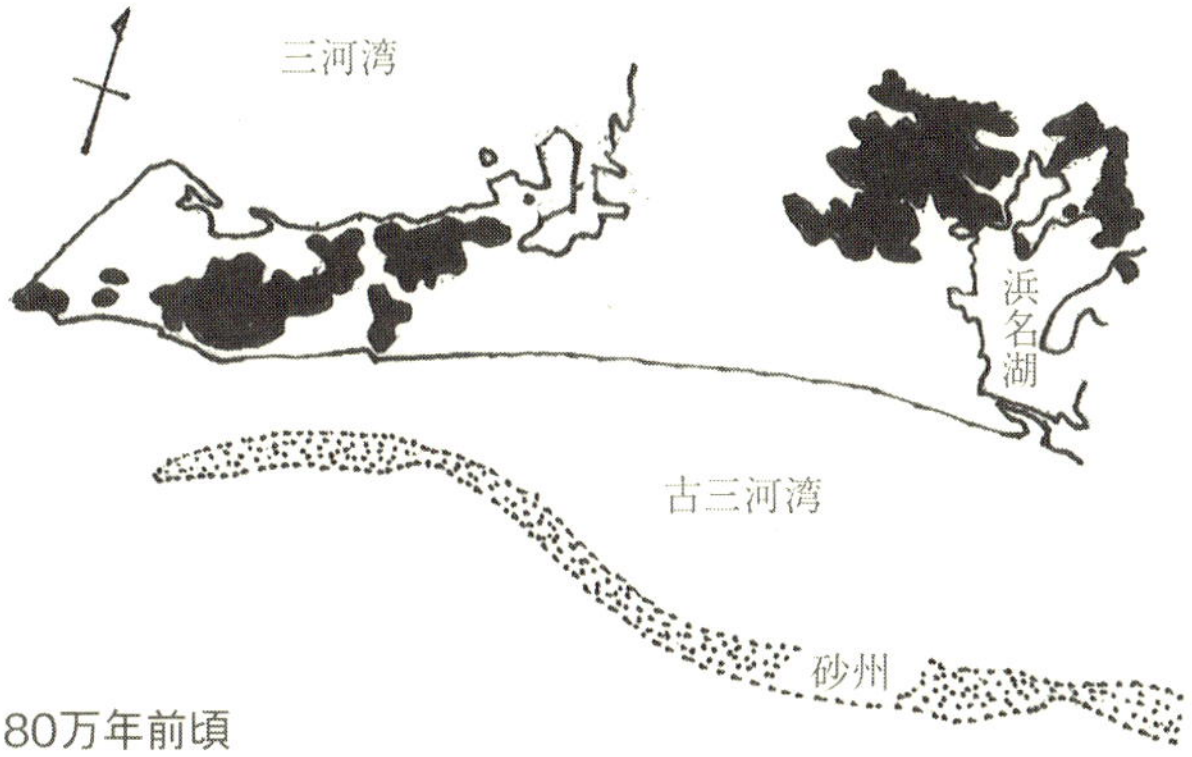

フジ、サンショウ、ツバキ、エゴノキ、コブシ、ヒメシャラが生育していた。池の中には水生植物のヒルムシロが生え、岸辺にはササが茂っていたのである。

やがて世界中が第二氷期、すなわちミンデル氷期に入ることになる。大陸氷河が発達するにつれて海面がどんどん下がっていく。古三河湾の水位が下がって湾底が干上がって露出する。低地に淀んだ水溜があちらこちらにできた。そこへ貧弱な川の流れに運ばれてきた植物の葉片が堆積する。それらの植物化石はほとんどが寒冷系の植物ばかりである。寒帯北部を好むブナ、シナノキ、イタヤカエデが支配的であった。他にはサワシバ、ケヤキ、フジ、ヒメシャラ、クルミ、ヤナギ、カバノキが丘陵地に繁茂していた。湿気の方は十分あったように見えるし、気温は今日よりも八度ぐらい低温化したようである。

二川累層の最上部には白色火山灰層がある。下半分は緑色を帯びた特徴的な岩相なので、離れた場所に露出していても同じ地層かどうかの判別に役立つ。こういう地層を鍵層と専門家は呼んでいる。どこから飛んできたのか、火山源はまだわからない。これも近くの海底火山であろうか。当時も偏西風に乗って飛ぶようだから、どこか西の方の火山活動が有力である。九州の鹿児島湾の姶良《あいら》火山の噴火では、はるばる渥美半島にも飛来したという証拠が残っている。しかし、一番可能性のあるのは鳥取県と兵庫県の県境にある扇ノ山火山とか槍ヶ岳付近の奥飛騨火砕流堆積物からの飛来であろう。活動時期が一致するからである。近距離の東側で求めるならば、静岡市東方の死火山ともいえる岩淵火山だった可能性もあるというわけだ。

b　五十万年前頃　―温暖化で海面上昇が進む

ミンデル氷期が終わりを告げると急速に気温が上昇し、南極大陸の氷も解け始めるから海面は上昇を始める。この時期の堆積物は田原累層である。基底の礫の構成を見ると天竜川系の固い砂岩ばかりで、明らかに古天竜川がこの地域に流れ込んでいた

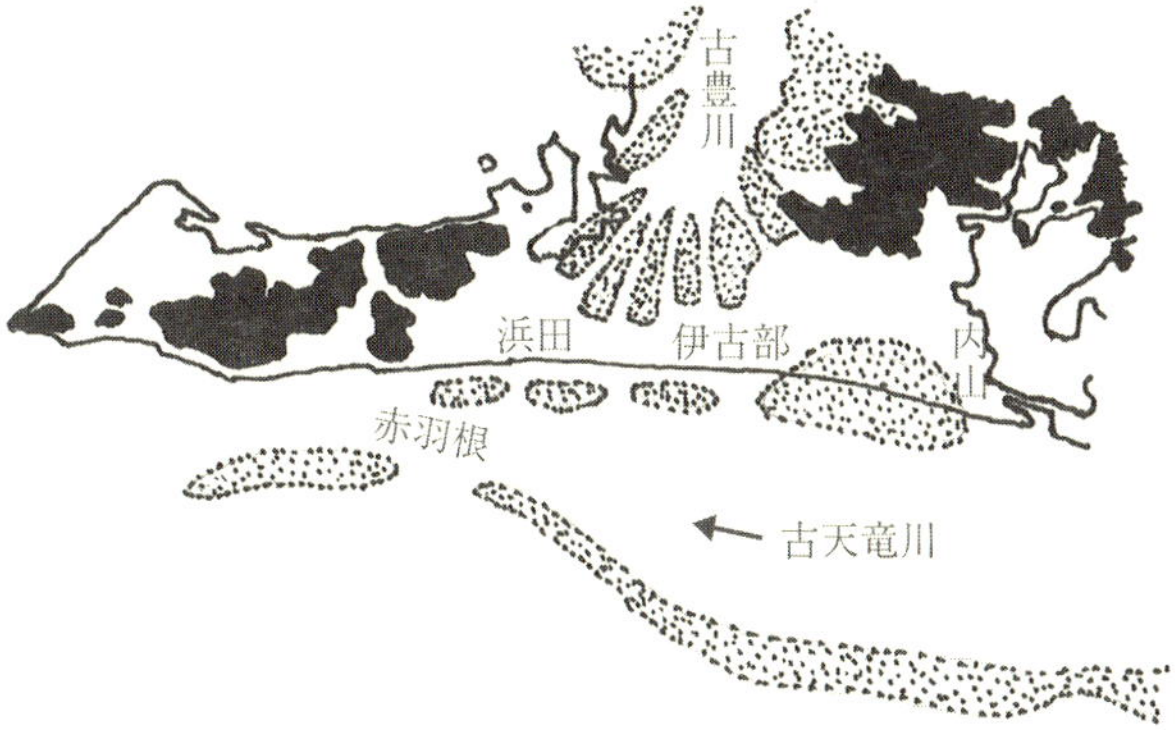

50万年前頃

ことを示している。その流れは浜名湖西岸を通って運ばれるわけであるが、途中に小高い丘陵があったためか南北に別れて勢いよく流入した。水には鉄分が多く、後に酸化して赤錆となって礫にまつわり付いている。この時に下位の二川累層をかなり削り込んだので、最上部の火山灰層が侵食を免れて残っている場所は半島中部の田原市浜田町の海岸付近と浜名湖に近い内山海岸一帯のみである。

礫層の堆積が一段落すると、多数の木片や木の実が集積する。この地層の水準が最も多くの植物化石を提供してくれる。先の浜田海岸やその隣の久美原海岸が植物化石の宝庫となっている。木の実だけではなく、完全な形の葉片も多数採集できた。ただ保存が効きにくく、よほどゆっくり蒸発させないと化石がばらばらに分解してしまうのである。まだ寒冷気候の名残を一部留めていて、ミズナラやブナの実も見つかるが、大半は温暖系のコウセキブナ、ウラジロカシ、タブノキ、フジが主体をなすから気温上昇が裏づけられるのである。タブノキは海岸を好む植物だから出現数も多い。地層が上に移るにつれてウラジロカシが増えてくる。ますます気温が上昇し、海面も上昇するのである。この現象を専門家は海進と言っている。

青灰色のシルト層の中にはシズクガイ、チヨハナガイが密集する。内湾であることを示している。しかし、アブの昆虫と共に外洋性のイワシの化石が出現したことがあるので、当時の内湾は既に外洋へ広く口を広げていたようである。半島中部に位置する西赤沢海岸では基底の礫層が堆積していた頃、ヤマトシジミが塩分の淡い湾奥であることを示し、大型のマガキが岩に固着しながら密集してコロニーを形成していた。

古天竜川の流れが流路を変えて、もっと東側で外洋へ注ぎ始めると、今度は北から古豊川が白色凝灰質流紋岩をはじめ、豊川沿岸に顔を出している固有の礫を激しく流し込むようになる。距離的に近い豊橋市伊古部町から西の赤沢町にかけて何筋にも流路が分岐したようである。この時の古天竜川の流路変更はそれだけ外海と内湾を隔てる陸地は低くて、しかも細い貧弱なものであったことを証明しているのだろう。加えてこの時は、海進たけなわの時期なので湾内がさらに深くなり、面積も広がってくる

キララガイ

ヤツシロガイ

ツキガイモドキ

コウヨウザン

ソデガイ

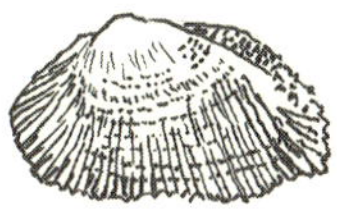

エガイ

のである。そうすると、西に向かっていた古天竜川の流れの中心は少し南に流路を変えながらも、再び西方向へ速いスピードで流れるようになる。流れの北縁には途切れ途切れになった細長い砂州があって、その切れ目から砂利が砂州の北側に流れ落ちたのである。

　その典型的な姿が田原市神戸町海岸に見られる大きなクロスラミナ（斜交層理）である。田原累層でも上部半分に入るとますます気温が温暖化して、海進が進むので湾内が拡大すると同時に、東から伸びていた古い半島ははっきりと切断してしまう。貝化石の産地として有名になった田原市高松町の海岸付近は外海の貝も混じってくる。例えば、ヤツシロガイとかタマキガイも姿を見せ始める。蟹も荒波に耐えられる凹凸の派手な仲間やフジツボも多くなる。そして田原市東部にまでその影響は及ぶのである。

この時期の興味深い現象は岡崎市を流れる古矢作川が運び込んだと思われる花崗《かこう》岩の礫が田原市南西部一帯に見られることである。古矢作川が田原市北部近くまで流れ込んだわけで、現在の三河湾西部は一部陸化していたらしいのである。後の渥美半島の隆起と同時にシーソーのように造盆地運動が加速して三河湾を北へと広げていくのだ。

C　三十万年前頃　―現在の河川の流れが形成される

ミンデル氷期の中の第二番目の氷期かその後の亜氷期かわからないが、再び世界的な規模での気温低下が訪れる。当然のことながら海面が急速に低下し始めるのだ。豊橋市南部も湾内の海底が水面上に姿を見せ始める。そこへ北方から古豊川が怒涛のごとく大小様々な礫を流し込む。礫の種類はこれまでに見られた天竜川系とは全く違って、豊川沿岸に露出する古い結晶片岩や乳岩に露出する白っぽい凝灰質流紋岩ばかりが目立っている。鉄分も多く、水酸化鉄によって礫の表面が赤褐色に汚染されているだけでなく、パンとか鬼板という水酸化鉄による板状の薄い層も形成する。田原市方面にもこれらの流れは向かっており、こちらは幾分深くなっていたらしく、急傾斜で流れ下っている。前の時代の終わり頃に古矢作川の流入をもたらしたあの陸地はもう消失したのであろうか。これ時以降はその影響は完全に影を潜めてしまうのである。

古豊川の流れが一段落して流れを西に向けた後は、かっての流路のあちらこちらに水溜ができた。そこに南西部ではヒメバラモミの球果、ブナの実という寒冷種が堆積し、気温低下をはっきりと示す。豊橋市の市街地南部の高師原の湿地には根を下した水生植物が生い茂り、茎や根の周りに水酸化鉄がまつわり付着する。茎が枯れた後は空洞ができて、かの有名な高師小僧を生成することになる。随分と鉄分が多いのは緑っぽい、古い古生層の岩石中に鉱物成分として鉄が含まれていたからである。池や湿地の水はどこも赤褐色によどんでいた。水底にも赤粘土が厚く堆積したのである。

この時期の寒冷期はそれほど長くは続かなかった。すぐ上の地層からゴヨウマツの球果の他にカシ類の実といった暖かそうな植物化石が登場するからである。それに呼

アマミゴヨウ

ハクウンボク

カラマツ

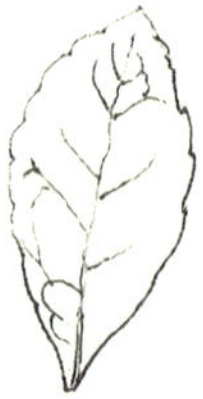
マサキ

応するかのように海進が進行した。幾分粘着性のある褐色の砂が広くかつ厚く堆積し始めるのである。古三河湾はやがて訪れる曲隆運動という隆起運動の前準備として海底の沈下をこの後二十万年ほど続けることになる。こうした沈下運動をする海を専門家は地向斜と呼ぶ。そして、この内湾は静かな海というよりも大きな河川の広口河口といった感じで、流れは結構速かった上に岸辺には波が打ち寄せていたし、化石はほとんど見つかっていない。その川は古豊川ではなくて、再び古天竜川の支配下に戻っていったのである。古豊川の方は深さを増してきた古三河湾の方向に吸い寄せられるかのように、流れを西へ向けたはずである。つまり今日の流れの原形がここにできたといえよう。

d　十万年前頃　―小型のワニが古天竜川をさかのぼる

渥美半島の原形を作り始める時期である。ゆっくりと地盤沈下を続けてきた古三河湾南部は逆に上昇を始めるのである。最初は付近一帯が一様に盛り上がってきたので北の方から陸地が広がり、河口に近い姿をしていた内湾の海は次第に南へと後退していった。同時に海の領域は外海にまでつなげていくのである。海岸線には返す波の作用で粒度の揃った丸い礫が行儀よく並んでラミナという筋模様を形成する。礫はすべて天竜川系の固い砂岩である。ここでは鉄分はそれほど多くはないので全体としては青色の美しい礫が並んでいる。いわゆる海浜礫と呼ばれるものである。当時、地上に降り注いでできる雨水の流れはほとんど傾斜に沿って南へと進路を取ったはずである。

田原市南部の大草町から西へ赤羽根町を経て若見町に至る海岸には局地的にレンズ状の紫灰色の泥層が点々と認められる。これらの地層の中には木の実が多産しているので当時の気候状態を探ることができる。いずれも青色海浜礫層の堆積していた時代

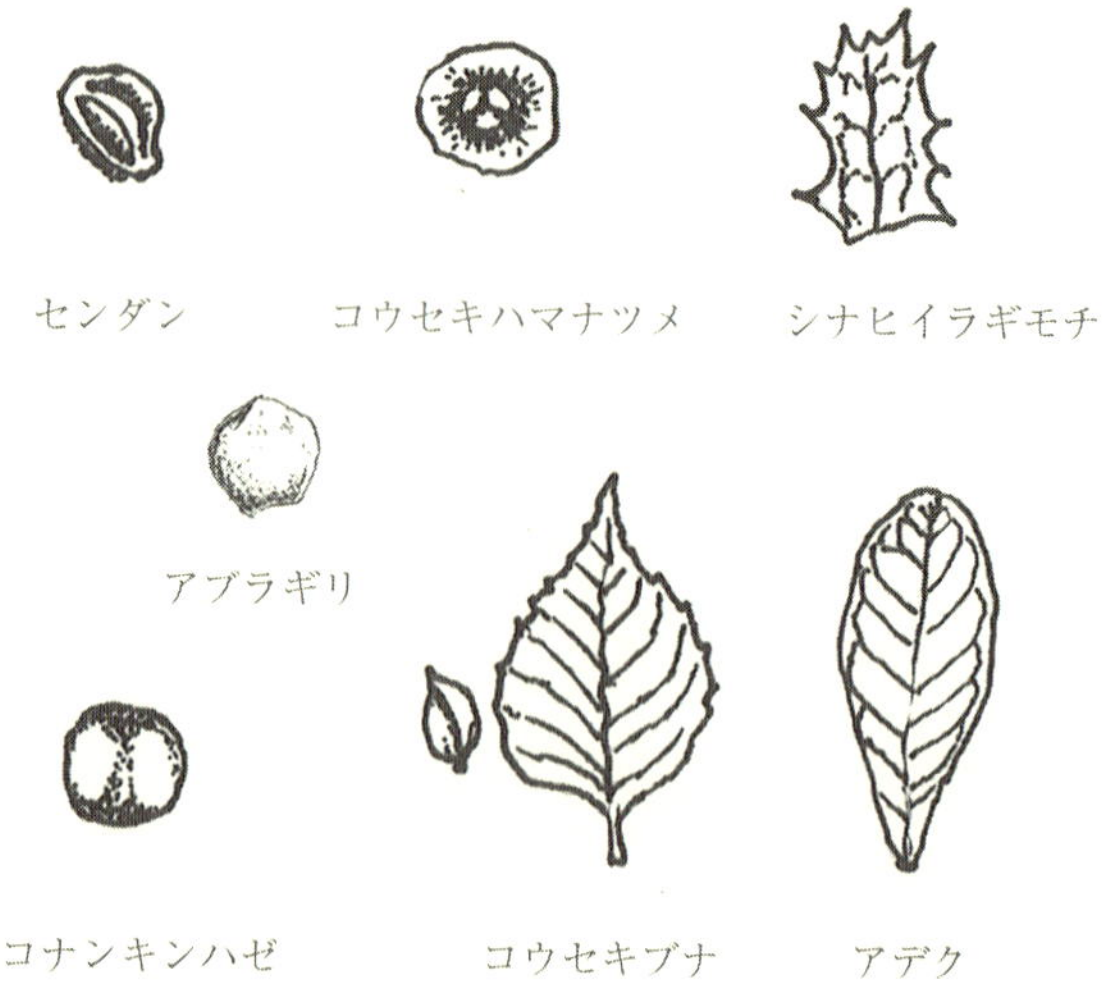

にほぼ符合しているのだ。一時期湿地もできたらしく高師小僧を林立させていた。浜辺に強いクロマツが多かった。特に留意すべき植物としてセンダン、アブラギリ、シナヒイラギモチといった乾燥気候に強い種が目立つことである。センダンは葉を細くして乾燥に備えているし、葉の縁に刺針を持つシナヒイラギも乾燥に強い種である。一般的にいって刺針植物は乾燥系とみなしてよいのである。バラ属も見られ、もちろん刺がある。他にめぼしい植物を挙げるとエゴノキ、コナンキンハゼ、アカメガシワ近縁種がある。山にはモミの

原生林がみられ、ツガ、サワラの針葉樹も混じっていたのである。

また、本地層と同時期にできたと思われる関東地方や静岡県、さらには近畿地方の植物にも乾燥系が圧倒的に多い。このことは少なくとも西南日本一帯が温暖で乾燥した気候下に入ったことを意味している。同時代の横浜市の地層からかってホウセンジクルミという小型のクルミが多産していることが報告され、寒冷地のカラフトクルミが小型であるため、寒冷気候を推定した学者もいたけれども、それは誤りであって実際は乾燥ゆえんの小型化なのである。乾燥気候といっても年中砂漠のように乾き切っていたわけではない。九州南部から台湾にかけての季節風の山陰に入る地域は乾季と雨季に分かれ、そこの植物は乾季に適応するというから、多分当時の気候もそんなタイプだったのであろう。

青色海浜礫層のすぐ上には赤色の濃いラテライトという粘土鉱物ができている。この鉱物は亜熱帯地方から熱帯地方に通常見られるのである。ただし、この地層中には亜熱帯を特徴ずけるアコウとかビロウなどは発見されていない。九州南部を北限とするアデクという植物の葉片が静岡県や近畿地方からは見つかっている。また、ナギという亜熱帯植物も近畿地方からは報告されている。

かつて大阪大学の構内から大型のマチカネワニが産出したし、浜名湖奥からはたく

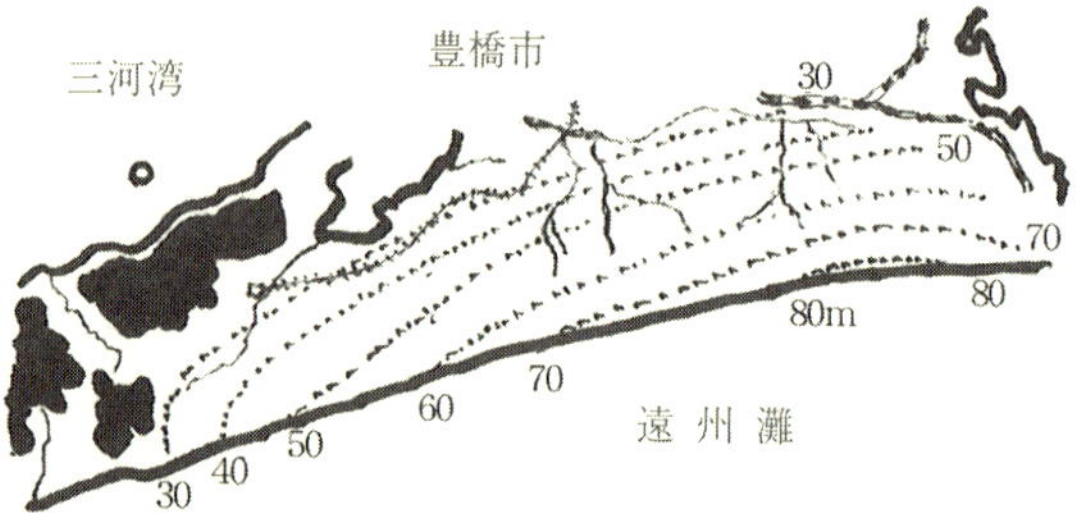

渥美曲隆運動を示す天伯原礫層の等高線

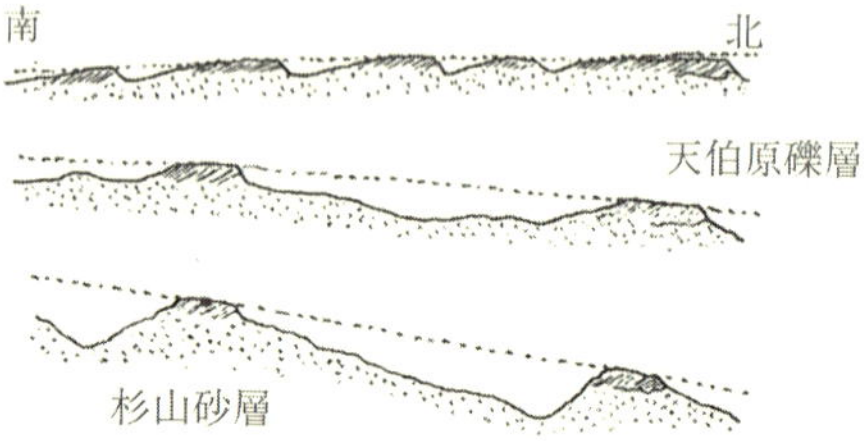

天伯原面のでき方(上から下へ)

さんの小型のワニが採集された(巻頭図版)。それらの時代はいずれも渥美半島最上部のここの地層と同時代と考えられるのだ。小型のワニたちが競い合いながら古三河湾から古天竜川にさかのぼっていった姿が瞼《まぶた》に浮かぶではないか。

本地域ではまもなく辺り一帯が完全に離水してしまうと、年五ミリ程度のスピードで順調な上昇を始める。その隆起の中心は浜名湖に近い白須賀町の南方、遠州灘の洋上と思われるのである。それは青色の海浜礫の高度分布から推定できる。この運動を私は渥美曲隆運動と名づけた。曲隆運動は先に述べたように、静岡市の日本平もそうであるし、第四紀にできた若い地層の造山運動の典型的な形態の一つなのである。アメリカなどの外国からも報告されているのだ。

渥美曲隆運動の影響は東は浜名湖で切断していてそれ以東は不明であるが、西は伊良湖までは及んでいる。その端は海抜高度二十メートルの平坦面に吸収されているから、そこらへんが当時の海面の高さだったらしい。この高さの平坦面は世界中で広く認められているので、大陸氷河が今日よりも小規模で温暖だったのであろう。やはり亜熱帯気候に近い、年平均気温が三ないしは四度は高かったらしいのである。

この後で世界的に寒い第三氷期、すなわちリス氷期に突入するのである。そのときは古三河湾もかなり海底を地表に露出しただろうが、この地での当時の資料は乏しくて判然とはしていない。多分第四氷期の侵食谷と重なっているのであろう。

e 七万年前頃

リス氷期が終わるとひたひたと海水が陸地にはい上がってきた。その最高高度は二

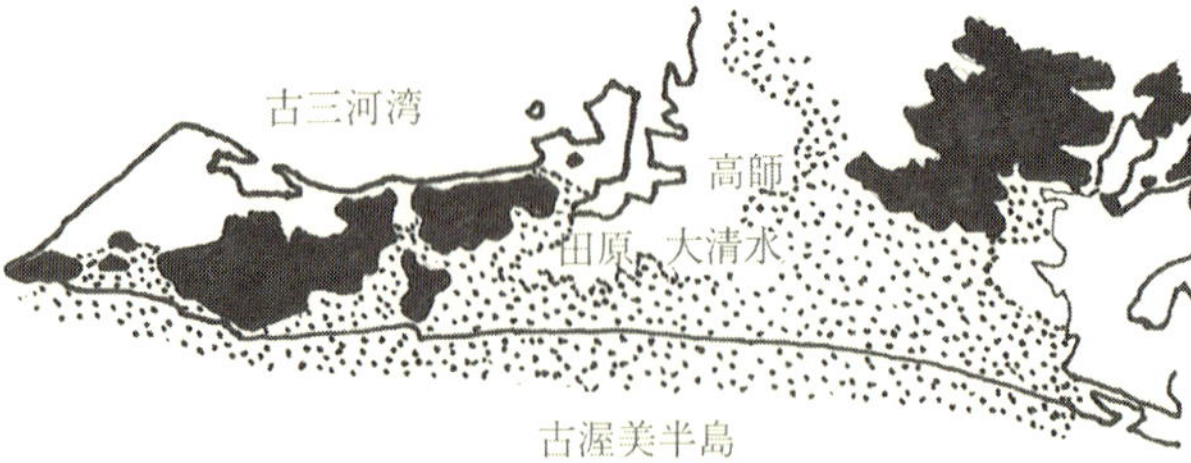

７万年前頃

十メートルぐらいで、田原市北部の野田町からその西の福江町、東の方では浦町あたりまでが青色砂礫層に覆われた。蔵王などの背後の山を構成する岩石はチャートという中生代の固い岩石である。赤紫色を帯びていて、昔は火打ち石にも、やじりにも使われたという。田原市北西部ではどうしても近在のチャートの礫も多くなる。

南部では渥美曲隆運動で陸化した裾を洗うように海水が開析された谷間に侵入して、白っぽくてきれいな褐色砂を堆積させた。上部にはわずかに丸い礫を乗せている。この礫の表面が黒く染められているのは渥美層群の地層中の礫が再堆積したためだろうか。南部で一番広く分布している場所は戦時中飛行場として使われた大清水町の平坦面を構成している砂礫層である。青色の粒揃いのいい礫は天竜川系が目立つけれども、やはり再堆積しているからであろう。曲隆運動の影響で古天竜川が改めて流れ込むことはなかったのである。

f　五万年前頃―数万年続いたウィルム氷期

第四氷期はドイツの山岳氷河の発達からウィルム氷期とも呼ばれる。一万年前まで続くわけだが、数万年の間すべて寒冷だったわけではなく、間氷期のような温暖な時期も何回か挟んでいたのである。世界的にみてもこの温暖時期には海面が二十メートル近くまで上昇している。ということは、それだけ現在よりも温暖だった可能性を秘めている。ただし、現在と同じ程度の気温でも、それが長く継続すれば大陸氷河が縮小するという場合もありうるので海面上昇だけから気温を正確に決めつけるわけにはいかないのである。植物化石があれば推定できるのだが、残念ながらそれは見つかっていない。野田泥層以外からは内湾棲貝化石も発見されていないのである。

この時期の堆積物は高師原礫層といって高師原や向山台地の平坦面を構成する。礫の種類はすべて豊川系の大小様々な角張ったものが雑然と詰まっている感じである。礫手で割れる程度にもろく、これをいわゆるクサリ礫というのである。そうなるのは古

遠州灘の海底地形と古河川の流路

い上に、空気に長く触れて風化が進んでいるからである。

高度二十メートルの段丘は日本各地にもみられ、これを中位段丘という。関東地方では武蔵野段丘が同時期の形成物なのであろう。

三万年前頃になると海面低下の後で再び海進があった。豊橋駅辺りの平坦面はこの時期に形成された。平坦面を作る礫の種類は高師原のそれと同じであるが、今度はクサリ礫ではない。時代が新しければ、風雨にさらされていてもそれだけ新鮮なのであろう。

田原市の野田町にはこの時期に堆積したと思われる野田泥層があって、その上部にははるばる鹿児島湾から運び込まれた始良《あいら》火山灰層が介在する。偏西風は当時も健在で、富士山が噴火したときの莫大な火山灰も大半が東へと運ばれたのである。それらが関東ローム層と呼ばれる赤土の起源となっている。

g　二万年前頃　―海面低下で古三河湾が陸地に

第四氷期の寒冷の度合いは四つの氷期の中でも最も厳しく、海面が百四十メートルも低下したといわれる。それはこの氷期中に起こった小刻みな温暖、寒冷気候の繰り返しの中でも、最終の二万年前から一万年前までの間に起こった寒冷期の出来事なのである。太平洋北縁のベーリング海峡が陸続きになって、アジアの黄色人種モンゴロイドがシベリヤから北米大陸に陸路を通って渡り、さらに南下を続けて南米の南端にまでたどり着いたというのもこの時期であった。日本の南でも、朝鮮半島と九州が陸続きになって、縄文人たちがアジア大陸から移り住みついたのである。

それ以前の数十万年前のリス氷期にも陸続きはあって、今は絶滅したトウヨウ象とかナウマン象がアジアから渡ってきていた。ナウマン象は発見された数も多くて、東海地方では静岡県の浜名湖付近、御前崎北方の牧ノ原付近で歯や牙が採集されているという。北の新潟県や北海道でも見つかっている。

この大規模な寒冷期には古三河湾は完全に陸地化して、そのほぼ中央を古豊川が西へ流れたのである。たぶん推定するに、今ある伊良湖水道を抜けて海に注いだのであろう。その前に古い矢作川や木曽川に合流したはずである。

寒冷期直前の二万数千年前には海進があって、今日と同様な温暖な気候であった。当時の内湾の海は豊川市中部から北部の一宮町にまで侵入していた。湾の奥には植物化石を堆積させているし、豊川市街地では内湾棲貝を堆積させた。植物を鑑定したところイチイガシが断然多い。それより古い渥美層群の地層中には全く見出せなかった植物なのである。三十万年前の浜松市付近には生育していたので、そこから広がったかもしれない。他に共存する植物としてシラカシが多く、ハンノキ、フジ、ヤマモミジが平地ないしは丘陵地に生えていたところをみると湿潤な気候だったらしい。山には相変わらずモミが見られる以外ではスギ、ヒノキがこの地方に初めて登場する。

池や湖のほとりにはヨシが茂っていた。豊橋市街地では北部の牛川町にある豊橋創造大学の敷地になっている低位段丘面がこの時期の産物である。豊橋駅の堆積面よりも数メートルは低い位置にある。現在の豊川沿岸をたどっていけば、この面は随所にみられるのである。

2　奥三河地方の千六百万年前頃

——火山活動が造った特異な地形

数千万年前といえば新生代の第三紀で、世界的に眺めれば現在よりも温暖で、九州や北海道の石炭を胚胎させた古第三紀に始まり、それから徐々に気温が下がっていって新第三紀の石油時代へと移る時期である。ヒマラヤ、アルプス、ロッキー、アンデスといった大山脈が形成し始めた造山運動の時期でもあった。我が国でも富山県の糸魚川から静岡県の富士川を結ぶ大断層の東側数十キロの範囲に地溝帯（フォッサマグナ）という大規模な陥没地形を産み、そこへ侵入した海の底から火山が相次いで爆発して伊豆の山々を造っていったのである。いうなれば富士山はその最後の仕上げなのである。この割れ目の西縁は糸魚川—静岡構造線という大断層となっている。先に述べたように、この断層の西側が何千メートルも盛り上がって傾動地塊となっている。

すなわち、飛騨山脈、木曾山脈、赤石山脈の原形を形造るのである。年数ミリずつ隆起を始める一方で、雨水の流れを集めてできた川が岩盤を掘り下げるので、長い間には槍が岳のような険しい山容が彫刻されてしまうことになる。また日本海が生まれて拡張

鳳来寺山付近の地質図

キリガイダマシ

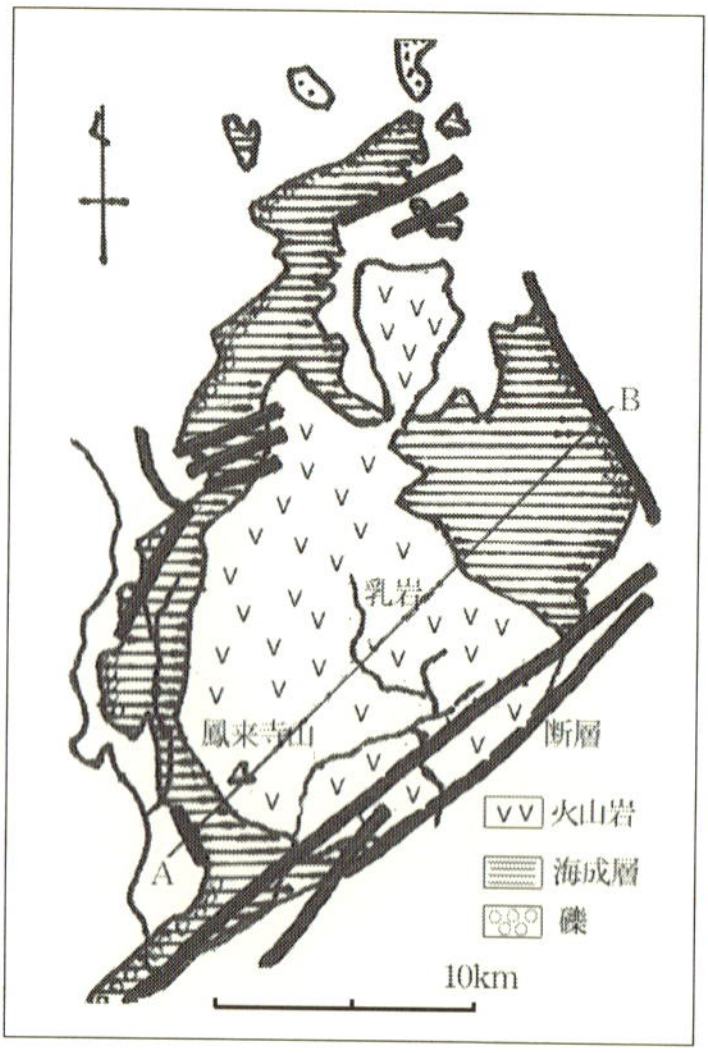

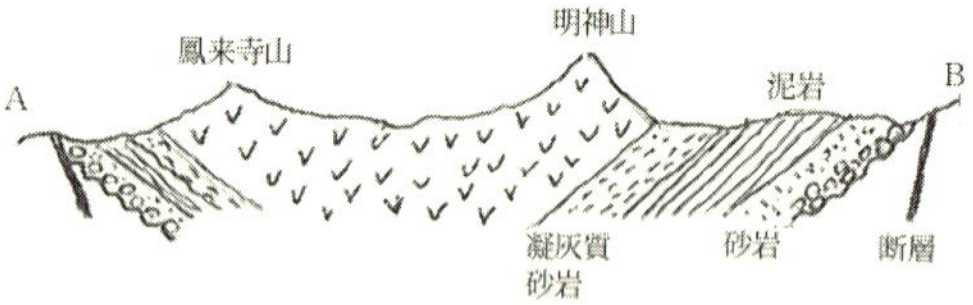

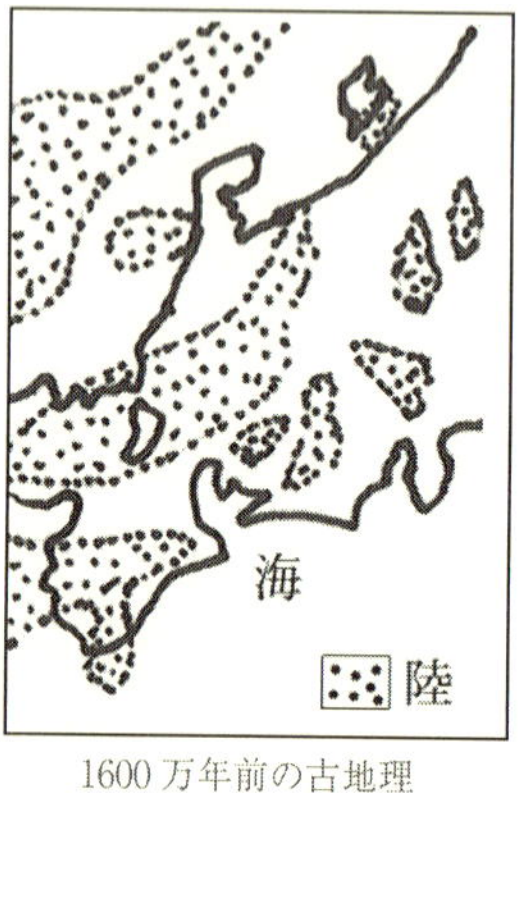

1600万年前の古地理

するのもこの時期であるといわれている。

新第三紀は愛知県東部の奥三河地方でも火山活動で華やいでいた時期である。当時は中部地方一帯に海が広く入り込んでいて、半島や島々があちらこちらに点々と顔を出していた。海底には砂層、泥層、凝灰質砂層が積み重なっていて、厚さにすれば千メートルを越えていたのである。砂層中にハマグリ、フジツボ、ホタテガイ、サメの歯、泥層の中には二枚貝のキララガイや蟹の爪、魚の骨、ウニ、サンゴが見つかっている。また、海岸の干潟を歩いたカワウソとか水鳥の足跡も発見されている。

この時期の堆積物は蒲郡市北方や三河湾に浮かぶ佐久島にも見つかっているから、その後広い範囲にわたって土地が隆起していったようである。佐久島の海成層からはヒトデ、台湾の干潮線下に棲息するキリガイダマシとかタマツメタガイといった巻貝、イズラシラトリという二枚貝など数種の貝化石が見出されている。

奥三河の静かな海に千六百万年前、海底火山が突如噴出したのである。やがて海面上に姿を出し始め、空中高く吹き上げた溶岩は急冷してガラス質の松脂岩となり、海抜七百メートル近い鳳来寺山の本体を造っていった。山を構成する岩石は他に、流紋岩、石英安山岩という粘り気のある溶岩も主体をなしていた。火山噴火で飛び出た灰や砂、礫がごっちゃになって固まった集塊岩もあって、一部が風化して穴ぼこが並ぶと、竜の爪

日本列島の大断層

跡に似ているというので「天に昇った竜」の伝説を生み出したそうだ。

鳳来寺山の北方には乳岩《ちいわ》という山があるが、この山も同時期の火山噴火に起因する。こちらの岩石は字の通り白っぽいミルク色で、流紋岩に似ているけれども、数百度の高温のまま空気中で溶結した熔結凝灰岩が積み重なっているという。頂上近くには洞穴があって、数センチの長さの乳頭に似た鍾乳石が天井から垂れ下がっている。鍾乳石は通常、山口県の秋吉台のような石灰岩地方で見られるのであるが、割れ目を伝わって流れ落ちた雨水が途中で石灰分を溶かしてきたのであろうか、珍しい自然現象といえよう。

この付近の中央構造線はあたかも豊川の流れに沿うかのように北東―南西方向に走っている。フィリッピン海プレートの潜り込みが強烈で、この大断層を動かして西側一帯は西ないし北へ強い応力を受け続けているのである。だから南北方向の断層がそれ以西では何本もできており、その影響ははるか三重県にまで及んでいるのだ。当時も断層に沿って安山岩とか玄武岩を造る流れやすい溶岩がいくつも噴き出している。愛知県の奥三河地方でも鳳来寺山よりももっと北ではそれらの岩脈が数多く確認されている。断層の割れ目が地下深部にまで達していると、周囲よりもそこの圧力は減少し、圧力が下がるとその途端にマグマの元の岩石は液状化するのである。中央構造線の東側に火山活動が及んでいないのはこの断層面が西に傾きながら根っこがそれだけ深いからであろう。この線で液状化をストップさせる構造ができ上がっているのである。鳳来寺山周辺でみられる凝灰質流紋岩の火山活動は二回あって、最初は千六百万年前の事件で、広い範囲に噴出した。二回目は千二百万年前で、その範囲は狭かったという結果が報告されている。鳳来寺山は特異な岩石と地形から日本の地質百選に選定されたのである。

3　岡崎付近

a　八千万年前の岡崎付近　―大断層・中央構造線ができる

地質時代でいうと中生代の終わり頃に当たる時期に、豊川にほぼ沿うように走る大きな断層、いわゆる中央構造線ができ始める。断層の西側ブロックが突き上げられる逆断層と南西にずれる水平移動を同時に組み合わせ持つのがここの特徴である。そのエネルギーの源はもちろんフィリッピン海プレートの沈み込みに伴う応力なのである。最近でも大地震が地元で発生する度に、少しずつ動いている活断層の一つなのだ。

この中央構造線の北西側一帯には南東側の渥美半島でみられるような赤紫色のチャート、灰色の石灰岩、きらきら光る鉱物が筋になって並ぶ結晶片岩、火山から生まれた緑色の輝緑岩がかっては存在していた。しかし何回にもわたる花崗《かこう》岩の貫入を受けて消滅し、低圧の下でマグマからザクロ石のごとき宝石も生み出したし、高温の熱で結晶が再

火成岩（マグマから直接できる岩石）

	白っぽい	淡茶色	黒っぽい	
粒小	流紋岩	安山岩	玄武岩	急に冷える
粒大	花崗岩	せん緑岩	斑れい岩	ゆっくり冷える

び溶かされ、ゆっくり冷えていくと大粒な鉱物に作り替えてしまう。例えば、白雲母が大粒になったり、大粒な石英とか長石の結晶が生れるのである。白雲母ならアイロンの絶縁に利用されるなど、工業的にも価値が高まるというわけだ。

岡崎市付近には昔から良質な御影《みかげ》石、つまり花崗岩がでるので、それを材料にした産業が栄えた。石工の都といわれたゆえんでもある。特に優秀な岩石は武節花崗岩といって、粒が細かく、磨くと大変美しくなり、耐火性、耐湿性にも優れているというので、別名で岡崎石とも言うそうだ。この岩石中に含まれる黒雲母の中の放射性元素の測定で八千万年前という数字をはじき出したのである。ちょうど中生代の終わり頃にあたる。中央構造線の南東側には花崗岩の貫入は一切及んではいないのである。

b　千六百万年前　―シルト岩層のさまざまな化石

先に述べた鳳来寺山の噴火の時期にあたる。岐阜県の瑞浪地方は動物植物共に化石が豊富で、当時の気候はフウ、メタセコイアで代表される台島型植物群が示しているように温暖であったのである。この時期は日本に限らず、世界的にみても温暖な空気に包まれていた。円柱を束ねたような歯を持つデスモスチルスというほ乳類はアメリカ西海岸からも報告されているし、殻に角を持つビカリヤという巻貝はこの時代の代表的な示準化石ともなっている。採集される数も多いから示準化石となるのである。

岡崎付近のこの時期の地層は岡崎層群と呼ばれ、淡水湖に大小様々な角張った領家変成岩を流し込んでいる。この変成岩は中央構造線の北西側に限って分布し、黒や白のキラキラ光った鉱物が並んで筋模様をみせる特徴がある。礫岩の間にはレンズ状をした砂岩層が挟まれ、全部で厚さが四十メートルぐらいあるから、たぶん数十万年も要しないで堆積を終えたのであろう。湖への埋立が終了するとさらに新たな地盤の沈降がない限り、そこの堆積はストップして川は流路を変えてしまうのである。

岡崎市南部にある海成層は幾分時代が新しいらしい。次の海進で海面が上昇したとき、大小様々なサイズの礫が集積する点は先の淡水成礫岩層の場合と同じであるが、今度は礫が摩耗されて丸みを持つ石ころが多いことから、大半はしばらく川底や海底を転がされてきたことがわかる。それだけ海が内陸奥まで侵入していたのである。礫の種類も異なっていて結晶片岩が目立つというから、こちらはもっと東の古豊川方面が起源で、少なくとも中央構造線を横切って西へ運搬されてきたのである。

礫の堆積が終息に向かうと砂岩層、シルト岩層がその上に積み重なる。シルト中からは浅海棲の貝であるツキガイモドキ、ヒメシラトリの仲間が多く、植物化石ではコウヨウザンの仲間、ハリエンジュの仲間などの温暖な台島型植物群が認められる。このタイプの植物群には日本に現生していない属、例えばセコイア、メタセコイア、フウ、タイワンスギ、イヌスギ属が多いのである。コウヨウザンはランダイスギに近縁で、中国南部に原生する落葉喬木であり、白蟻に強いので格好の建材となっている。今日のハリエンジュは北米が原産で、アカシヤという名称で街路樹として親しまれている植物である。

（41ページ参照）

4　蒲郡付近の八千万年前　―広域変成作用を受けてできた岩石

いったんできた砂岩とか泥岩が地下の高温溶融物質、つまりマグマに接触すると比較的狭い範囲で焼かれて変化する。その時、青緑色の菫青石《きんせいせき》という変成鉱物が新たに生まれたりする。こうした変成作用は接触変成作用または熱変成作用と呼ばれる。石灰岩が接触変成作用を受けると国会議事堂の外壁とか彫像材料として重宝な大理石が生成されるのである。一方、岩石の重みとか地殻変動による応力を地下に埋もれて長い間受け続けると、紅柱石とか珪線石といった変成鉱物ができてくる。この変成作用は広域変成作用といい、生まれる鉱物は熱と圧力によって決まってくる。

中生代の末期頃には蒲郡付近は広域変成作用に見舞われていた。現在の市街地周辺には小高い山々が丸く囲んでいるけれども、それらの麓の岩石は花崗《かこう》岩で、かってのマグマであったのだ。三ケ根山とか東の御津町といった、それらの周辺部は領家変成岩類が分布しており、広域変成作用を受けた名残をとどめている。この変成岩の特徴は先に述べたように雲母などの鉱物が一列に並んで黒と白の筋模様を描いていて、それに沿って

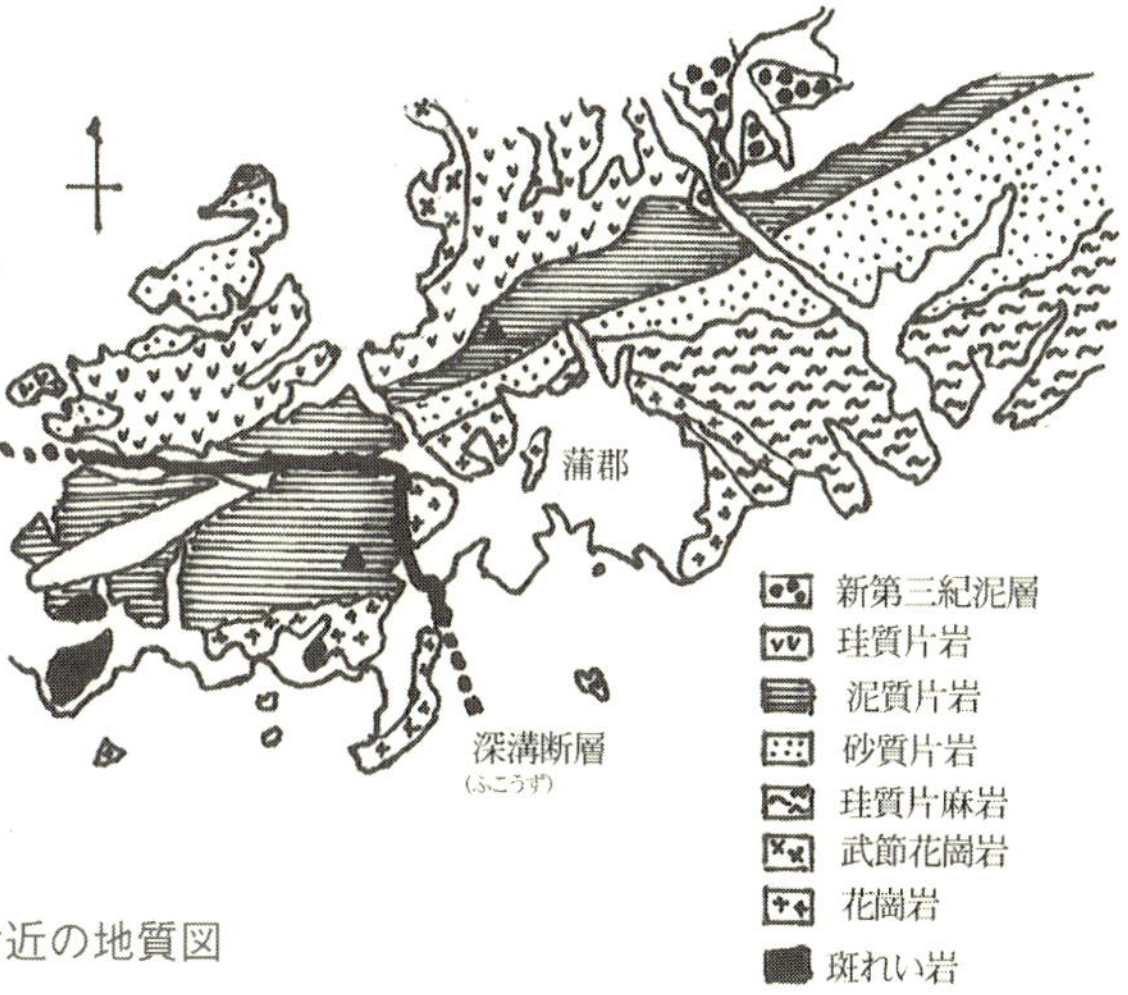

蒲郡付近の地質図

割れやすくなっていることである。元の岩石がチャートなら珪質片岩に、砂岩ならば砂質片岩、泥岩は泥質片岩となるわけで、新城市方面から蒲郡市西部にかけて北東―南西方向に三つのタイプとなって帯状に並んで分布している。三ケ根山は泥質片岩、本宮山は砂質片岩なのである。

昭和二十年に三河湾を震源とする三河地震があった。この地震はその震源から類推するに中央構造線の活動と関係が深そうにみえる。この時、三ケ根山側が二メートルほど持ち上げられ、その東側と北側で曲げられながら深溝《ふこうず》断層が走ったのである。水平方向にも一メートルほどずれたというから規模は大きいほうである。一度の地震で十メートルずれる例は世界中どこにもないのである。中生代の岩石ぐらい古くなると、こうした規模の大きな断層で切られてしまうことが多い。

蒲郡市の南西方の幡豆《はず》地方には斑れい岩が確認されている。この石は鉄分やマグネシウムが多く、マグマが地下深くでゆっくりと冷え固まってできる、緑色の火成岩である。マグマから直接生成される岩石は分類上すべて火成岩という。中生代以降の数千万年の間に地盤が隆起して地表に顔を出したのである。ダイヤモンドの宝石もこの系列に近い組成の火成岩、カンラン岩の中で醸成されるのである。カンラン岩は厚さ六十キロの地殻の下に広がるマントルを構成する岩石でもある。

5　知多半島

a　千六百万年前頃　―海中に沈んでいた知多半島

新第三紀の知多半島は長い間海水に漬けられていた。最初の頃はフミガイの仲間の貝が浅い海だったことを教えてくれるのだが、後半になるとソデガイの仲間の貝が海が一層深くなっていったことを示すようになる。千メートルもの厚い堆積物は不思議なくらい、上から下まで似た岩相で、やたらに火山灰の固まった凝灰岩ないしは凝灰質砂岩、凝灰質泥岩が繰り返されながら積み重なっているのである。塩分の濃い外海が広がっていたわけで、海底火山かどうかわからないが頻繁に火山噴火に見舞われた環境が長々と続いていたのである。この地層は師崎《もろざき》層群という。当時の海に棲んでいた蟹《かに》、ヒトデ、ウニ、有孔虫、魚が化石として、数はそんなに多くはないが採集されている。

また、その地層の中にはレンズ状をした領家変成岩起源の片麻岩の礫が何枚か挟まれている。古矢作川から運び込まれたわけであるが、砂泥岩層の中にポツンと残っていて、しかも直径が一メートル以上もある礫も混入しているというので、単純な川の運び込みではないように思われる。すごく大きな台風がやって来て大洪水になった時か、地震に伴う大津波で引きずり込まれた可能性が考えられる。

知多半島の鼻の先に日間賀島と佐久島がある。この両島にもこの時期の堆積物がある。半島内での地層の傾きがおおむね北東側なのに対して、日間賀島では北西へ、佐久島では北部が南側、南部が西へ傾いているので、それぞれをブロックに分ける断層があるはずで、それらの地殻変動はその後の中央構造線の動き、およびそこに加わる応力の向きと密接に関係しているのである。

b　五百万年前頃　—隆起運動で知多半島の原形ができる

常滑《とこなめ》層群と呼ばれる、この時期の第三紀堆積物は古い方が六百万年前、新しい方で三百万年前とかなり時間的な幅があり、層の厚さも七百メートルに達する。岐阜県や三重県にも同時代の地層が広がっていて、かっては東海湖という一つの大きな湖に堆積したことが判明しているので、全部をひっくるめて東海層群という使われ方もする。

600 万年前　　400 万年前　　200 万年前

東海湖の移り変わり

半島先端近くが一番古くて、北へ向かうと次第に新しい地層が顔を出す。六百万年前には東側の古豊川とか古天竜川が結晶片岩、チャート、硬い砂岩を渥美半島に島嶼風に残る中生層の麓を洗いながら流しこんだ。古い三河湾の前身の広口河口がすでに十分な広がりを見せて、東側の河川をも呼び込む機能を果たしていたようにみえる。距離的にはもっと近い古矢作川の影響も当然あったであろうが、豊浦町に出ている別の岩相をもつという地層がその名残なのであろうか。もちろん地元に露出している一段と古い師崎《もろざき》層群由来の礫もあった。直径が数センチ内外の中礫とか一センチにも満たない細礫が多いということは内湾性堆積物の可能性もあるのだが、研究者の間では東海湖という淡水湖の始まりと解釈されている。上の地層へ向かうと砂から泥へと変化していくので内湾であったならば海進、湖沼なら造盆地運動があったのであろう。この時期の

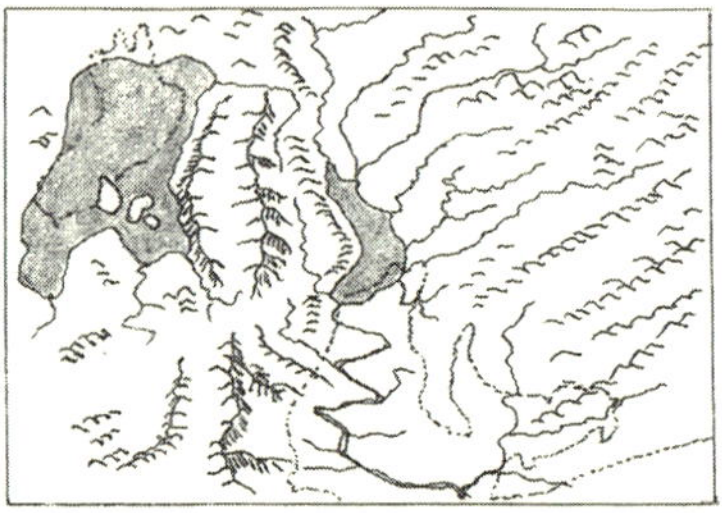

100万年前頃

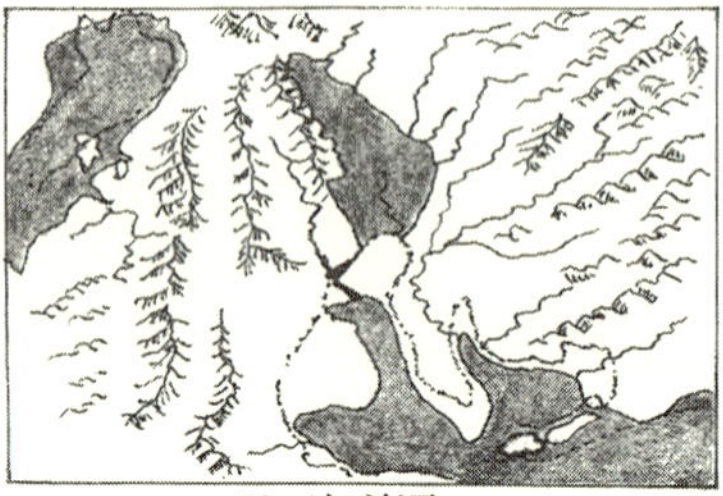

80万年前頃
（桑原徹　1975による）

東海湖の移り変わり

造盆地運動は静岡県の掛川地域でもそうであったように、千メートルを越える大がかりな規模を持つのが特徴である。

五百万年前頃から化石が見出されるので当時の環境がわかるようになる。淡水の貝があり、東南アジア系も見つかるというから今日よりもいくらか温暖な気候であったらしい。植物化石もメタセコイアが温暖湿潤気候を裏づけている。花粉分析で確認されたというカリヤクルミは絶滅種で、この時期の示準化石としても重要である。（36・76ページ参照）

三百五十万年前にも淡水棲の貝化石が出ているから、淡水湖であったことは確実なのだが、基底から八十メートルまでの間は内湾奥だった可能性も残されている。

四百万年前頃になると、泥と砂が堆積物の中心となり、何回かの火山活動で火山灰が降り積もっていた。これらの火山灰は名古屋市東部の丘陵地でも発見されている。褐炭層もよく挟まれるようになる。褐炭層の存在が湖沼堆積物の決定打とはなりえないわけで、湾奥でもしばしば堆積している例があるからである。

三百万年前頃になると、濃飛流紋岩という岐阜県奥地に露出する岩石が砂層の中に目立ち始める。これは明らかに古木曾川の流れ込みを意味している。やがて東海湖は縮小しながら、その中心を次第に西へ移していくのである。そして隆起運動で知多半島はまもなく完全に離水してしまうことになる。

この時期の地層が未だ十分に固結していないうちに、地震などの急激な応力を受けると断層にならないで、撓曲《とうきょく》という、ぐにゃりとした恰好の地層の曲がりを生む。知多半島のこの時期の地層中には撓曲がいくつか認められている。目に止まる断層はほとんど確認されていないのである。ただし、伊勢湾の中央には大規模な断層があるという。これもフィリッピン海プレートの潜り込みに起因するのだ。そして同じ要因でできるものであるが、半島にはやはり南北方向に伸びる、曲がった地層の山を結ぶ線が何本もあるのだ。いわゆる背斜の軸といわれるものがそれである。

知多半島と渥美半島を結ぶ砂州のような砂地が一時期できて、古い三河湾の原形がここに形成されるに至ったのである。

C　三十万年前頃

知多半島、岡崎地方の第四紀層はいずれも古木曾川起源の円礫からなる礫層が主体で、層厚はおおむね薄くてクサリ礫が目立っている。半島東部の武豊層と南西部の野間層にはそれぞれのシルト層の中に海棲貝の化石が産出していて、海進期の堆積物であることははっきりしている。年代を推定するために実施された花粉分析によると、大阪層群上部や名古屋の海部《あま》累層に対比するのが妥当ではないかという。そうすると気候の方は近隣の植物化石から判断して温暖で、コウセキブナ、ウラジロガシ、タブ、コウセキハマナツメ、コナンキンハゼ、フジの生い茂る舞台だったであろう。

後半になると温暖乾燥気候に包まれるようになるから、センダン、アブラギリ、シナヒイラギモチなどの潅木が平地に生育し、海岸にはクロマツ、コウセキハマナツメ、コナンキンハゼが生い茂る植物生態系を見せていたはずである。そして山間の谷筋にはクルミが小さな実を付けていたのだろう。

d　八万年前頃

知多半島の段丘面は海抜高度十ないし二十メートルの低位段丘とも中位段丘とも解釈できる中間的な面が各地に見られ、それを構成する地層は多屋層、矢梨層、新田層と呼ばれている。前二者の下部には海成のシルト層があって、内湾棲の貝であるイボウミニナ、マガキ、オキシジミ、ウラカガミ、アカニシ、ハイガイなどが見つかっているのだ。また植物化石も折り重なって産出するという。

針葉樹のモミが一番多いので、山地に生育していたものがアベマキ、ケヤキ、ヤマモミジと共に大量に流されてきたのであろう。モミは植物生態系からみて土壌の多い平地に生えていたとは考えにくいのである。平地には今日同様に温暖タイプのコナラが主体をなしていて、フジ、ハギ、クロモジ、ノイバラ、コバノガマズミ、エゴノキがあちらこちらに潅木林を作り、海岸にはハコネウツギが見られたことだろう。

これらの地層の絶対年数の測定では三万年前前後の年数を示すというが、にわかに信じられない不確かさも残っている。なぜならば、例えば渥美半島の田原市東部の浦町から出る貝の化石から放射性炭素法で年代を測定すると三万年前頃と算出されるというのだが、この時期は完全に今日の三河湾に近い環境になっていたわけで、そこから外洋性の貝が見つかることが説明できなくなるのである。この種の測定方法はサンプル採集段階で今一つ慎重を期する必要があるといえよう。

それではどの時期の海進とみるべきであろうか。中位段丘はその後の地殻変動をほとんど受けていなければ、八万年前の海進と五万年前の海進ではいずれも海抜高度二十メートルぐらいに平坦面を残しており、開析程度もお互いに類似している。区別する点は前者では高い海水準を示す海浜礫や砂が最上部近くに乗っており、後者は淘汰の悪い河成礫が洪水時を思わせるように激しく流れ込んでいることに注目すればよいのである。この物差しで知多半島の中位段丘を見ると、矢梨《やなし》層や多屋《たや》層はいずれも海成層を含み、波食面の上に乗り越えて堆積している点から見て八万年前の海進時の堆積物と読み取るべきであろう。

6　名古屋地方

a　名古屋東部の七百万年前　—重要な植物化石の出土

新第三紀たけなわの頃の堆積物に瀬戸陶土層がある。瀬戸物を焼く粘土の研究に付随して、重要な植物化石が三木茂博士によって明かされた。

中生代に盛り上げてきた花崗《かこう》岩の岩体にささやかな窪《くぼ》みを作り、そこに粘土、砂岩、水晶と同じ成分の石英の集まった珪砂が堆積したのであるが、盆地の中心部には薄い褐炭層も伴っていた。ここに多数の植物化石が堆積したのである。これまでに紹介してきたメタセコイア、イヌスギ、カリヤクルミ、ヌマミズキの他にも、中華人民共和国南部と台湾に原生するというフウや針葉を三本束ねるオオミツバマツが特徴的に産出する。後者は完全な絶滅種で、地球上のどこにも現在生えていない。ヌマミズキはヨーロッパの同時代に産出しているものの、現生種はカリヤクルミと同様に北米と中華人民共和国

の中部にだけ限定されている植物である。大型のクルミであるバタグルミは北米東部に生育しており、後に三木博士は現生種と区別してオオバタクルミという絶滅種に鑑定し直している。北米東部に現生するアメリカブナとか小型のフジイマツやイヌカラマツもこの時代の際立った特徴種となっている。イヌカラマツは中華人民共和国中部の千メートルの山に生育している。アメリカブナは我

が国の第三紀の地層にはしばしば発見されており、葉片が大きいことや葉の下部から出ている柄の長さが長いことから、コウセキブナからは容易に識別できるのである。

ところで当時の気候はどんな様子だったのであろうか。寒そうなトウヒ属の針葉樹とかカバノキの仲間もあるけれども、大半の植物は今日の西南日本の気候に似ていたことを示している。セコイアやイヌスギがあることは夏は霧がかかり、冬は穏やかな気温だったことを思い起こさせる。また、心臓形の葉や葉の先が尖っている植物は降水量の多かったことを意味するといわれている。

b　名古屋東部の四百万年前頃　―湿潤・温暖だった気候

西ないし南西に緩やかに傾く二百メートルほどの砂礫層と粘土から構成される一連の地層は矢田川累層と呼ばれ、下から水野部層、高針部層、猪高部層に分けられている。礫の種類は岐阜県から運ばれたチャートと硬い砂岩が主体をなし、それに濃飛流紋岩とか泥岩がマグマに焼かれて生成されるホルンフェルスなどが見られることから、古木曾川が流れ込んでいたことがわかる。東海湖は初期の頃を除けば古い木曾川が埋め立てていったのである。

火山灰が四百五十万年前前後に二回、三百万年前に一回降り積もっている。古い方の火山灰層近くに褐炭層があって、その中にイヌスギ、セコイア、メタセコイア、ヌマミズキ、オオバタグルミ、フウ、カリヤクルミといった、この時代に最も普遍的に見られる植物化石が産出する。これらはその組み合わせからいくぶん幅を持った示準化石になりうるし、示相化石にもなっている。すなわち湿潤温暖な気候だったのである。カリヤ

ゴミムシ

クルミという植物はこの時期以降は我が国からどうも絶滅したらしい。

ここには貝の化石は見当たらないけれども、豊田市乙部町の尾張夾炭層近くではアメリカブナ、カシワの植物化石に混じってゴミムシという甲虫が出ている。

C　名古屋市中心部の百万年前以降

この地方の第三紀層である東海層群は百五十万年前頃には既に消滅して、三重県側に移って南北に細長く残留しているに過ぎない。それは伊勢湾中央部を南北に走る養老—伊勢湾断層という大断層を境にして、その東側が着々と地盤沈下を続ける一方で知多半島側が隆起していったからである。その動きはもとよりフィリッピン海プレートの潜り込みから派生する西側への圧縮応力が長期にわたって継続しているためである。名古屋市中心街は現在もこの地盤沈降の上に鎮座していることになる。そして木曽川、長良川、揖斐川などの大きな河川がこぞって捌口を求める要因にもなっているわけだ。本地域の地層の大部分は地下に隠れているから、どうしてもボーリング調査で推測するしか方法がないのが現況である。そこで東海三県地盤沈下調査会の資料を見ながら考察をすすめることにしよう。

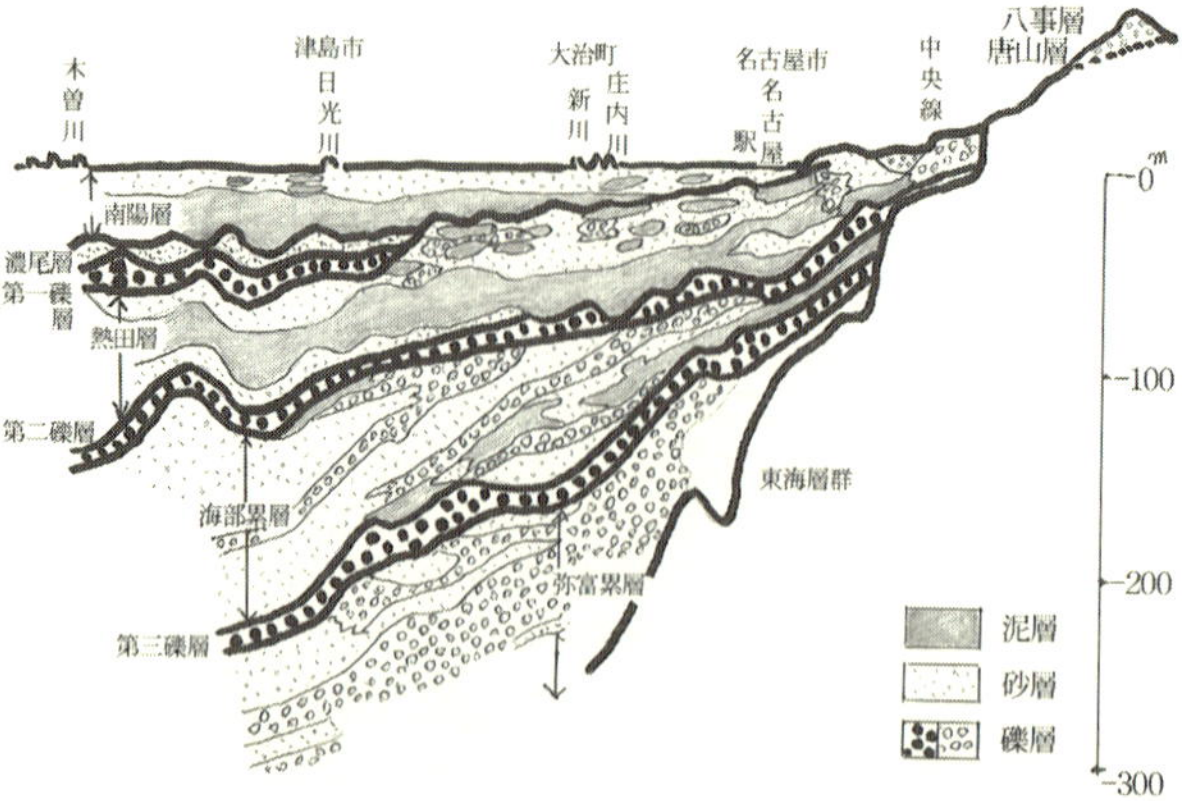

濃尾平野の地下地質断面図

図示された資料を見ると礫《れき》（石ころ）、砂、泥の層が何枚も挟まっていて、下部から弥富累層、第三礫層、海部《あま》累層、第二礫層、熱田層、第一礫層、濃尾層、南陽層に分けられている。最上部の南陽層はいわゆる沖積平野を形成する沖積地にある。また第三、第二、第一の各礫層はそれぞれ海部、熱田、濃尾の各層の基底礫層と考えてもいいのだろうと思われる。なぜならば、それぞれの礫層が下部の地層を削り取っており、しかもその後の海進をも臭わせているからである。一定速度の造盆地運動が継続している中で、不整合面が存在するということは氷河の消長による海水準変化が組み込まれているとみるべきであろう。したがって、一連の地層はそれほどお互いに時間的に大きな空白を持っていないはずなのである。何十万年というような時間差はないのである。そういう解釈に基ずくと、弥富累層に対比されている陸上の唐山層上部の火山灰層のフィッショントラック法による年代測定が、参考値とはいえ百九十万年前というのはいかにも古過ぎる感じがする。せいぜい百万年前そこそこではないかと思われるのだ。再測定を希望したいところである。それとも対比そのものに誤りがあるかもしれないので再検討を要する問題点といえるであろう。

熱田層は多くの学者によって関東地方の下末吉層に対比され、同時期の積成物と考えられてきた。当該の下末吉層は層位学的な位置関係と植物化石から渥美半島では上部の豊橋累層に対比できる。それから逆に辿っていくと弥富累層上部は渥美層群の二川累層に対比されるはずなのである。その時期はミンデル氷期に突入しかかった八十万年前に相当するというわけである。

弥富累層には目立った化石はみられないけれども、中部と最上部の泥層からは海生のケイソウ化石がみられ、海進時の堆積物だという。百六十メートルの層厚はかなりの厚さであり、長期にわたって地盤沈下に呼応しながら埋め立てが継続したのであろう。ギュンツ―ミンデル間氷期、すなわち第一間氷期の堆積物と考えてよいのであろう。

弥富累層に相当すると思われる地上で見られる地層は、従来の考え方では下部の唐山《からやま》層と上部の八事《やごと》層であるといわれ、その境は不整合となっているという。それぞれの層厚は二十メートル内外でそれほど厚くはない。いわゆるクサリ礫と呼ばれる、もろくて風化の進んだ濃飛流紋岩やチャートの円礫で構成されているので、古い木曽川が流し込んだものである。

当時の環境を探るには、はなはだ化石に乏しいので、お隣りの渥美半島で産出する豊富な化石から類推するしかない。気候学的並びに植物生態学的には日本アルプスを後背地としている点でほとんど同じ環境だろうと思われるからである。

低地の浜辺には今はなきコウセキハマナツメ、コナンキンハゼが生い茂り、川沿いの平地や丘陵には絶滅種のコウセキブナやフジ、コブシ、ツバキ、エゴノキ、ハンノキ、ヒメシャラ、サンショウ、カシ類が森林をなしていた。池にはヒルムシロが水面に葉を浮べ、そのほとりにはササ類、草本のスゲ類が地表を覆っていた。標高千メートル以上の山ではモミ、ツガ林が主要樹種となってサワラ、アスナロ、トガサワラを混える針葉樹帯を形成していたのである。コウセキブナの殻斗《かくと》（種子を包む殻）が小粒なので空気の方は幾分乾燥していたのではないだろうか。

海部《あま》累層は百五十メートル以上あって相当厚い地層である。礫層を二枚挟む砂泥層からなり、海生のケイソウが含まれる。しかし淡水成粘土層もあるので海水面あたりを上下しながら地盤沈下量を埋め立てていったと思われる。礫の種類はやはり古木曾川系のチャート、濃飛流紋岩、ホルンフェルスという熱変成を受けた岩石からなる。丸みを帯びているので川が運んだ時間は短くないようである。地表に現れている地層は潮見坂礫層というクサリ礫で構成され、礫種は同じ古木曾川に由来していることがわかる。同時期の積成物にはシルトや砂を挟む地層も報告されている。

当時の植物環境は海岸近くではタブ、コウセキハマナツメが支配的な生態系で、丘陵地ではコウセキブナの森林にコナラ、フジ、ヤブニッケイ、アラカシ、シラカシ、ウラジロガシ、ツバキ、エゴノキ、シイ、クロキ、ゴンズイが混じる。クロキは静岡県以西、ゴンズイは関東地方以西の温暖種である。ウラジロガシは気温上昇と共に目立って増加していく。オオバヤドリギがカシ類にまつわりつく姿が目に入るだろう。湖沼の中にはマツモが水面下で揺れ動き、水面上には絶滅種のシリブトビシが三角形の葉を浮かべていた。岸辺ではヨシが茂り、陸上にはササ類、サルトリイバラが顔を覗かせる。低い山岳地に登れば温帯系の落葉樹林帯に入ることになる。そこにはアカシデ、クリが生え、秋になると赤黄色の彩りを添える。もっと高く登るとモミ、ツガ林に入り、さらにその上の方には寒冷系のブナ、イタヤカエデ、ミズナラ、ネコシデの落葉広葉樹林帯となる。

熱田層は地上では熱田台地、守山台地、濃尾平野北縁部の各務原台地にも各務原層という名前に変えて分布するが、地下で最も厚くなる。本層は三つに細分され、最下部は地下だけで認められる砂層で十五メートル内外の厚さである。下部は地下に広く認められ、地表では熱田台地でのみ観察できるという。ミンデル―リス間氷期の堆積物といわれている。粘土層の中に含まれるケイソウ化石は海成層であることを証明しており、次第に深くなるという一堆積サイクル前半の海進を示す。これを熱田海進という。上部は熱田、守山の両台地と地下に分布する。御嶽火山から飛来した軽石、淡水生ケイソウ、海生ケイソウを含んでいる。ここも海面あたりの水準を上下しながら堆積していったことがわかる。層厚は地下で六十メートル内外、地表では三十メートル程度である。

熱田海進は関東地方の下末吉海進に対応され、今日よりも温暖で乾燥していた時期である。雨季と乾季に分かれた極端な気候は西南日本各地にラテライトという粘土鉱物を作り、赤色土を生んだのである。海岸にはクロマツ、コウセキハマナツメ、コナンキンハゼが埋め尽くし、海岸から離れた平野にはセンダン、アブラギリ、シナヒイラギモチ、絶滅したアカメガシワ近縁種、エゴノキ、ナツツバキが生え、川沿いには小型のクルミが茂っていたのである。山にはモミ―ツガ林が旺盛で、ハイネズもその中に潜り込んでいたようである。

第四氷期になると海面が百四十メートルも下がったというから、その低い海面に川が流れ込むときには現在の伊勢湾も完全に干上がって下刻侵食を受けることになる。伊勢湾や三河湾の海底にはその時の川筋が記録されて残っている。遠州灘の海底地形図にある安乗口海底谷は古木曾川、古矢作川、古豊川の共通の出口なのであろう。熱田台地を削って南下した川が堆積した大曽根層という礫層はこの氷河期の堆積物に該当すると考えられている。(52ページ参照)

濃尾層では第一礫層の上面を侵食してできた窪みを埋めるように砂泥が堆積し始め、やがて淡水だった所に海水が侵入して汽水状態となり、シジミの一種が棲息する環境へと変貌する。豊橋礫層とか小坂井泥層を堆積させた三万年前頃の海進だろうと思われる。そして第一礫層が高師原礫層と同時期の五万年前の海進時の産物ではないだろうか。

10万年前
熱田層堆積時の海

第四氷期、つまりウィルム氷期の気温低下は世界各地の証拠から最大規模と見なされているから、名古屋地方でも低地の植物はブナ、ミズナラ、カバノキ科、イタヤカエデ、ヤナギ類が群生し、針葉樹ではカラマツ林が見られたことだろう。五万年前と三万年前の海進時期にはイチイガシ、シラカシ、ヒサカキ、フジ、ハンノキ、ヤマモミジが平地で森林を形成し、沼沢地にはコバノヒルムシロ、ヨシが生え、山にはモミ、スギ、アスナロ、ヒノキの針葉樹林が独占していた。チジレバタマゴケ、オホバニハスギゴケといったコケ類が初めて顔をのぞかせるのである。

7 三重県地方

a 千八百万年前頃 ―地盤沈降で海が侵入

古い方の地層には花崗《かこう》岩よりも色が少し黒っぽいせん緑岩の礫や片麻岩が背後の山から削り出されて堆積しているが、上位に向かうにつれて次第に泥と砂が目立ってきて互い違いに層を形成するようになる。その頃はカラスガイ（図版参照）などの淡水に棲む貝が湖沼の底を這い回り、同時に植物も流積していた。植物の種類はセコイアなど温暖系ばかりで、その後の地熱とか圧力を受けて石炭に変わっていったのである。地盤の沈降に伴なって、どんどん海が内陸へと侵入してくると、やがて浜名湖のような海水が入り込む汽水湖となり、スダレハマグリというハマグリの一種の棲息地となった。これがかの有名な「桑名の焼きハマグリ」のハマグリの祖先なのかも知れない。

海が広がってくると南方を流れていた川が結晶片岩を流し込むようになる。たぶんその川は古き時代の雲出川であろう。周辺の環境も浅い内湾へと変貌し、貝の種類もそれを裏づけるかのように変わっていくのである。阿波《あわ》地域の槙野では外海のリュウグウハゴロモガイがいて、暖かい海であったことを教えてくれる。

一志《いちし》地域にはこの時代の地層が比較的広く分布している。厚さは全部で千メートルにも達するのだ。堆積物が下から順に礫、砂、泥、砂、礫と重なっている場合は一堆積輪

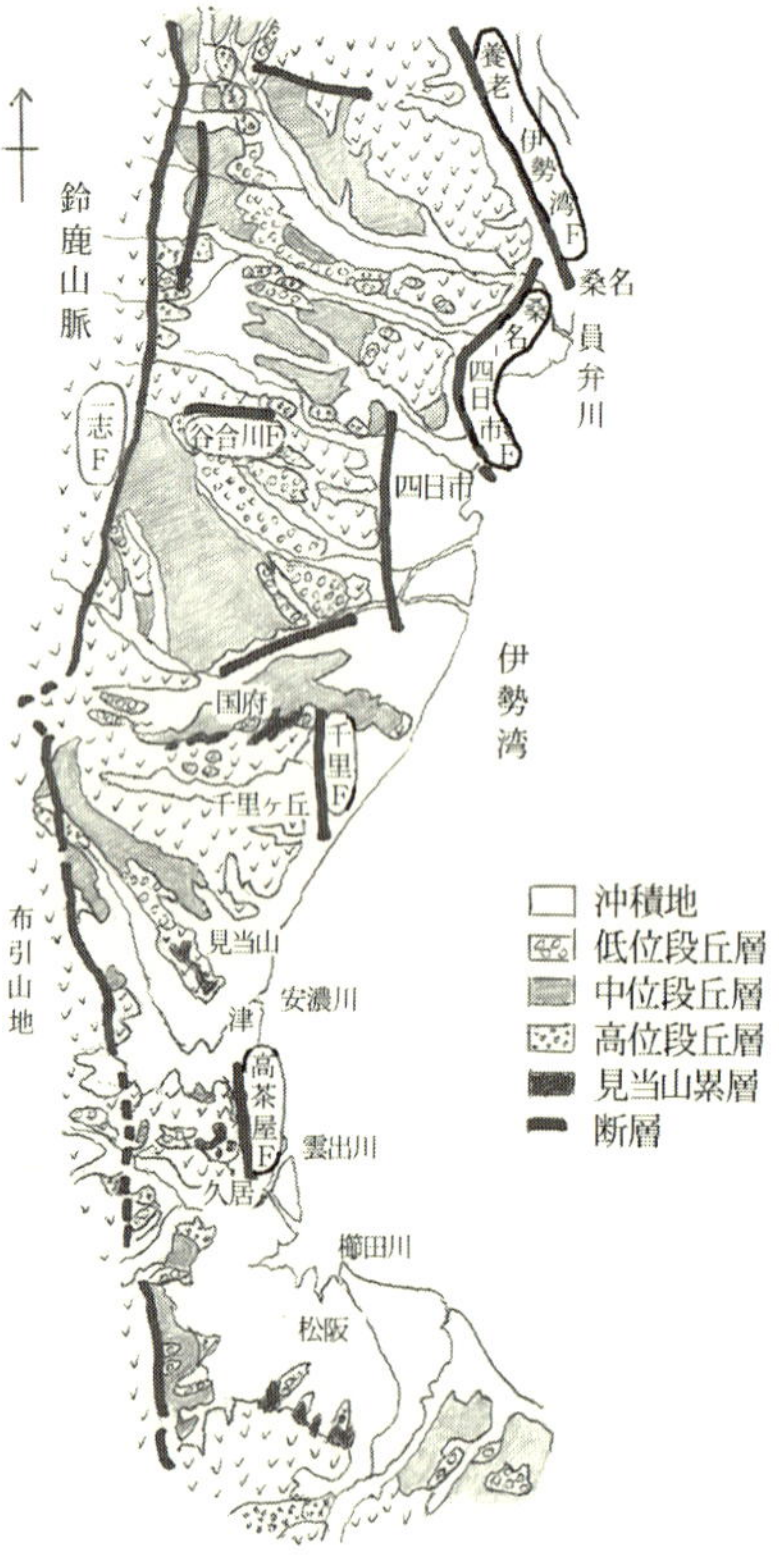

伊勢湾西岸の地質図

廻（サイクル）という。浅い環境から深くなり、再び浅い状態に戻ることを意味しており、それは一つの海進に始まって海退に終わるということでもある。

この地域では完全な堆積輪廻の型ではなくて、泥までいって次のサイクルに移っており、これが三回繰り返されたという。堆積輪廻の上半分がその後の隆起で陸上に出て削り取られたか、急速な海面低下を受けたかのいずれかであろう。こういう場合は通常境目に不整合面が存在する。クサレ泥岩層からは貝の化石が多数採集されている。

古い時期にはヒメシラトリの仲間が内湾であったことを証明し、中頃はエガイの仲間やベッコウキララガイが浅い海になったことを暗示している。終わり頃は砂岩が多くなって礫は小粒で丸くなり、ソデガイの仲間から海が深くなったことがわかる。

地殻変動の影響を受けて北東ないしは東へ緩く傾斜している。褶曲とまではいかないが、地層が弱い舟底形で向き合った構造が二カ所で認められるそうだ。

b　四百万年前頃　―ナウマンゾウ以前のゾウが闊歩

東海湖の一部が四百万年前から二百万年前の間は西へ広がっていて、そこに堆積した地層は奄芸《あげ》層群と命名されている。広い意味での東海層群の一つである。ここの地層は北部の古い木曾川とか近隣の西側にそびえる鈴鹿山脈からもたらされた中生代、古生代起源のチャート、硬い泥岩、ホルンフェルス、硬い砂岩、火山で生まれた白っぽい溶岩を礫として頻繁に含み、砂層、粘土、シルトの各層が互い違いに積み重なっている。礫と泥が混じって一緒に堆積し、緑青色を呈しているのは湖成層らしい面影を留めているといえよう。火山灰も何回か降り積もっている。ここにはナウマン象よりも古いタイプの象が二種類闊歩していた。四百万年前にはエレファントイデス象、百五十万年前にはアカシ象がいたのである。古いタイプのこの種の象は大阪、神戸方面にたくさんいたことが知られている。昆虫ではゴミムシがいたようだ。

気候的には湿潤温暖であった。メタセコイア、ヌマミズキ、フウ（76ページ参照）が生育していたからである。この時期は専門家の間ではメタセコイア繁栄期といって、メタセコイアの数が極めて多量に出現する時なのである。そしてメタセコイアは第四紀の百万年前に我が国からは完全に絶滅してしまうことになる。その時期は氷河期の始まりに当たり、寒いだけではなく、ひどく乾燥したのが消滅原因になったと思われるのである。

三重県には断層や褶曲構造が頻繁に認められる。しかも、その形成時期がこの時代以降なのである。それはこれまでにも本書でしばしば取り上げてきたフィリッピン海プレートの潜り込みによる応力の影響がこの地で収斂するからにほかならない。すなわち、西に鎮座する鈴鹿山脈の岩体が硬くて、どっかり居座っているので、ちょうど布団を押したときの壁に相当するのだ。だから、その前の地層は褶曲するやら、断層で切断されるやら、ひどい変形を余儀なくされるのである。今日の鈴鹿山地はこの奄芸層群堆積後に断層で切断されて押し上げながら形成されたといわれている。

c　八十万年前以降

津市北部の見当山累層は大阪層群上部ないしは名古屋市地下に埋もれている弥富累層、海部《あま》累層に対比されてきたけれども、中位層準のシルトから採集された花粉を調べるとフウが結構見つかるのでもっと古い時代と考えることも可能である。なぜならば近畿地方ではフウは二百七十万年前にほとんど姿を消しているからである。

しかし一方で、この地では地の利を得て後の時代にまで生き延びたという解釈も成り立つ。本層は海抜四十メートル程度の丘陵の高い位置にポツンと独立して存在している砂礫主体の、谷を埋めた地層なのである。層厚は二十メートルでそれほど厚くはない。海の影響も認められないで最上部に赤土が乗っている。礫は背後の布引山地から古安濃川や古鈴鹿川が運び込んだものであろう。古い鈴鹿川は当時は亀山市付近から南へ流れていたわけで、黒っぽいホルンフェルスという変成岩の礫を流し込んでいる。この変成岩は安濃川流域には露出していなくて、鈴鹿川側にだけ見られるからだという。

そしてこの流路は後に堆積した千里層の堆積時代、すなわち今から二十万年ほど前まで延々と続くのである。時代を決定する決め手の一つに地形面の開析度が活用されている。見当山周辺ではほとんど平坦面を残していないようなので渥美半島の天伯原面よりも幾分侵食が進んでいるように見える。それでもものすごく大きな差はない感じなので田原累層上部ぐらいではなかろうか。そうすると大阪層群上部の中でも四十万年前辺りに対比するのが妥当ではないだろうか。

花粉分析から当時の気候を推定すると、温暖系の常緑カシ、ハンノキ類、ニレまたはケヤキ類が数としては多いので温暖湿潤気候であっただろうと考えられている。ブナ類も多産するものの、共存植物から判断するとこの種はたぶん温暖系タイプのコウセキブナなのであろう。乾燥気候に入る大部以前の堆積物に相当する。山岳地方にはコウヤマキが針葉樹としては最も多く、東海地方中西部に普通に見られ、しかも三重県下でも後の時代になると多くなるモミ、ツガが全く見当たらないのは奇異な印象を与える。トウヒ属よりもカラマツ属が多く、クルミ属が思いのほか少くないのも植生の違いということとだろうか。

花粉分析では種まで決めつけられないという、まだるっこさが残る場合が普通なのである。その上二次的に古い地層の中から削り出されて再び堆積する場合もあるので、量が少ない場合は慎重な検討を必要とする所以《ゆえん》である。

もう一時代新しい地層は高位段丘堆積物とここでは呼ばれている。最上部にやはり赤色土を乗せている。花崗岩《かこう》、チャート、砂岩が角張った状態で運ばれているので地元の礫が削られてきたらしい。この礫層は河成堆積物なのだが、河芸町《かわげ》にあるシルト層の中に海棲の貝化石を含む千里層《ちさと》があって、これもおよそ同じ時期の堆積物といわれている。いずれも数メートル程度の厚さで薄く、絶対年数は今から四十万年前ないしは五十万年前前後のミンデル―リス間氷期の前半ではないかと思われるのだ。

志摩半島には先志摩層という海進期の堆積物があり、一堆積輪廻を示している。中部のシルト層には特徴のあるアズキ色の火山灰が挟まれ、近畿地方で詳細に研究されてきた火山灰なのでおよそ八十万年前ということがただちに判明する。最上部には渥美半島と同様に赤色土がみられる。貝化石も多く、ミミエガイ、ヌノメッツボ、コダイカキ、バイガイなど内湾種ばかりが姿を見せる。植物化石は下部ではコナンキンハゼ、ブナ、クマヤナギ、エゴノキ、エビズル、ナツツバキ、ミズキが寒暖混交で出現し、紀伊半島の

バイガイ

エビズル

ミズキ

ナツツバキ

クマヤナギ

ミミエガイ類

山からはコウヨウザン、ヒメトガサワラ、ツガなどの針葉樹が流されてきた。平地の植物を基準に考慮すると温暖な気候と見るべきであろう。ギュンツ—ミンデル間氷期だからである。汽水湖の底にはカワツルモが波に揺らいでいたのである。

　上部ではクロマツ、コナンキンハゼ、ブナ属、コウヨウザンが採集されているのだが、渥美層群とは距離的にも時代的にも近いのに背後の山々が違うためか、意外と共通種が少ないのだ。一番違和感を感ずるのはモミ、コウセキブナが先志摩層では全く見られないことである。もっともコウセキブナは関東地方や近畿地方、あるいは北陸地方でもあまり多くはないのである。三十メートルの層厚だけなのに下から礫層、シルト・砂層、礫層と一堆積輪廻を示しているので、ミンデル氷期に入る前の温暖な時期の堆積物なのであろう。

リス氷期後の海進で形成された中位段丘は世界的に見ても海抜高度二十メートル内外の地域が多いのであるが、四日市付近では隆起を続けているために高度が四十メートルと二倍に達している。段丘形成後も年平均〇・三ミリで隆起続行中なのである。この値はそれほど大きなものではない。一方、四日市の南方七十キロの久居では二十メートル強の高度なので隆起運動はほとんど及んでいないように見える。

中位段丘堆積物は八万年前の古い方が久居累層と御館《みたち》累層で、それより一時代新しい五万年前の海進で形成された地層が坂部累層である。リス氷期後の目ぼしい海進には八万年前と五万年前と三万年前の三つがあるが、最も新しい三万年前の海進で小森面を形成したのであろう。

久居累層は下から礫層、青灰色シルト層、礫層となっていて一堆積輪廻とみなせるが、礫層の中にシルトや砂が挟まったり、シルト層の中に礫があったりして岩相は一様ではない。礫は背後の山々からチャート、泥岩、花崗《かこう》岩が搬入されてはいるけれども、粒の揃った円礫なのでかなり流されてきたわけで、湾内を移動していたのでないだろうか。いみじくもシルト層には名古屋の熱田層下部に見られる花粉、海生ケイソウが見つかっている。それだけ海が山地の麓まで奥深く侵入していたのである。

御館累層の下底は礫ではなく、シルトで始まる。これは海進が久居累層よりも若干遅れて訪れたことを意味している。海は四日市付近を飲み込んで員弁《いなべ》川の奥まで侵入したのである。リス氷期前の温暖乾燥期には大陸氷河も相当縮小したに違いない。現在の大陸氷河が全部解けてしまうと海面はさらに六十メートルも上昇すると計算されているのだ。万一そうなると、南太平洋のトンガやフィジー、ツバルばかりでなく、世界の大都市の大半は水没してしまうことになる。

この累層には汽水棲のカキが取り込まれており、近くから花粉も採集されている。山にはモミ、トウヒ、マツ、ツガ、コウヤマキ、スギが森林を形成していたし、平地にはカシ類、ブナ類、グミ類が生態系を築いていたのである。水生植物のカワホネも池に生えていた。ケイソウ化石も多くて、おおむね温暖な海進期を暗示するといい、名古屋の熱田海進と同時期だろうとみられている。

五万年前は大洪水時代であった。日本各地の中位段丘には大きな角張った礫や玉石がごろごろ重なっているのはそのためである。かつては日本アルプスの上昇にその原因を

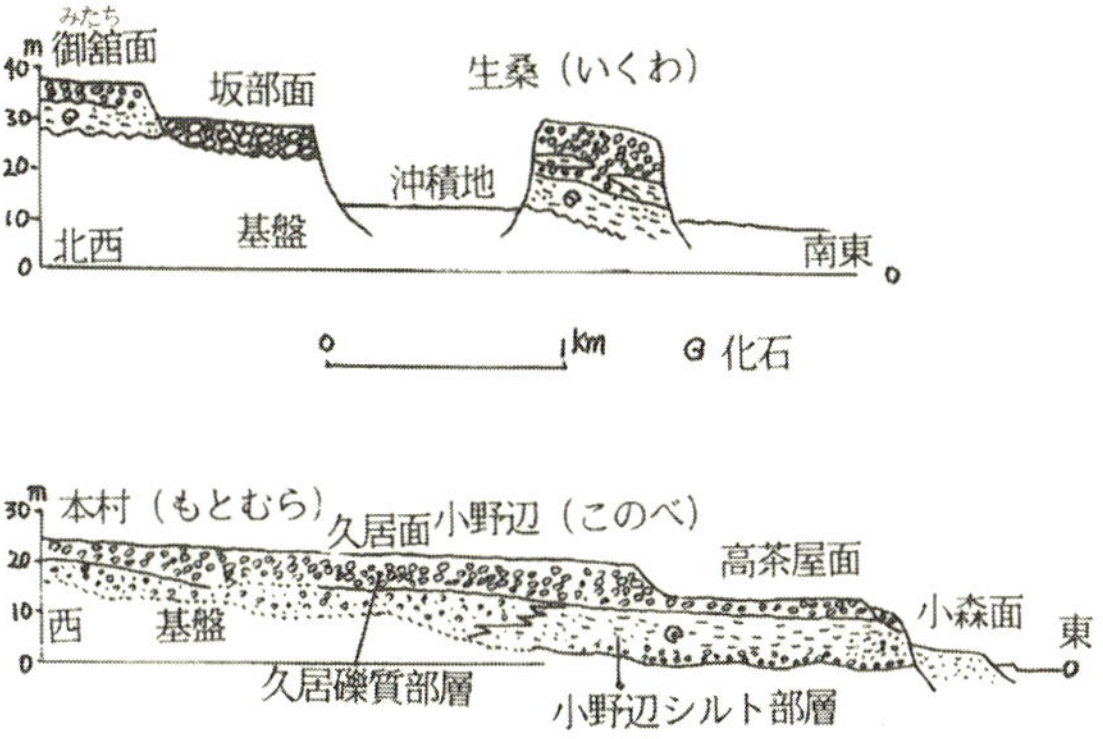

御館、坂部段丘と久居、高茶屋段丘の模式断面図
（木村一朗 1971 による）

帰する考えもあったけれども、上昇速度そのものは年数ミリというオーダーで安定しているから、長期間雨が降り続いて洪水が頻繁に起こった結果と解釈する方がより妥当であろう。なぜ洪水が起こるのであろうか。それはペルー沖のエルニーニョ現象やフィリッピン近海で異常に海面の温度が上昇し、大型台風が数多く発生するとか、極端に暖かい日と寒い日が適当な期間を置いて交互に繰り返された場合に発生すると推定される。そういう異常気象が世界中で起こり始めると大陸氷河もどんどん成長するはずである。第四氷期、つまりウィルム氷期直前にはかような異常気象が日常茶飯事襲ったことであろう。坂部累層はそういう荒れた時期の堆積物なのである。

断層がずれたために地震が発生する場合が

しばしば体験されている。こういうタイプの断層を専門家は活断層という。本地域の活断層には三つの区分けがあるそうだ。

鈴鹿山脈の東縁部を南北に走る一志断層、その東二キロで南北に走る断層、沿岸部の丘陵東端の南北方向の断層がそれに該当する。またこれらと直交する東西方向の断層もある。断層で区切られたブロックが勝手気ままに動くので、ブロックごとに複雑な傾動をみせるという特異な場所なのである。そのために大きな河川では低い河川の谷の侵食が進んで高い河川の流路を変えてしまうという、川の争奪が見られるというから尋常ではない。三重県人は大変な場所に住み着いたものである。

8　瑞浪地方

a　二千万年前頃　―石炭層に眠る多くの植物化石

名古屋大学におられた糸魚川淳二博士がこの地域一帯の新第三紀の堆積物や貝化石、さらには古地理を詳細に研究されてきた。ここでは主として彼の研究成果を基に古環境を展望してみよう。

岐阜県の瑞浪地方は愛知県の瀬戸市に近接している。瀬戸には先に述べたように、石炭層があって多数の植物化石を内包していたし、良質な陶土もあった。瀬戸の陶土層はこことほぼ同時期の新しい地層であったのだが、この瑞浪地方の土岐《とき》にも八百万年前に瀬戸陶土に似た土岐口陶土が沈殿していた。そして陶器の原料として採掘されてきているのである。実に両地方は似通っているというわけだ。

それよりも一段と古い最下部の地層は土岐夾炭層と呼ばれ、百四十メートルの厚さがあり、角張った礫の集まりに始まって、砂岩、泥岩が乗っている。火山灰も挟まれており、二ないし三枚の石炭層もある。花崗《かこう》岩、流紋岩、チャートといった礫は周辺の古い山々から川によって運び込まれたわけで、当時は淡水の湖だったという。この湖は東側から岩村、瑞浪、可児《かに》の三カ所に分かれていて、それぞれが独立した湖だった。

石炭層には多くの植物化石が内在し、北海道大学にみえた棚井敏雅博士が日吉植物群と命名された。この植物群の組成は秋田県の阿仁合植物群に酷似するという。メタセコイアとかイヌスギといった暖かそうな植物もあるにはあるのだが数は貧弱で、大部分が落葉広葉樹なのである。殊にカエデ類は種類も個体数も多いし、カバノキ類、シナノキ類が寒冷気候を如実に物語っている。今日よりも数度ぐらいは低かったのではないだろうか。それでもメタセコイアが存在しているところから判断すると湿度は十分あって、南斜面の低地の山陰では冬でも生き延びられたのであろう。場所さえ的確に選べば二度ないし三度はすぐに温度は変わるからである。

一方、サイの一種が見つかっているところをみると、低地は植物が指摘するほどひどい寒さではなかったかもしれない。植物は絶滅種ばかりなので、どうしても近縁の現生種から類推するわけであるが、ブナ属でみられたように適応環境を変えている場合も実際にはあるからである。もっともサイだって寒さに強いタイプだったかもしれないのである。総合的に見るとやはり若干寒かったと見るべきであろう。

礫岩の中にウラン鉱床が生成された。あの人形峠のウラン鉱床にそっくりなのだ。花《か》崗《こう》岩が風化してぼろぼろになり、ウランが溶脱して地下水に入り、地下の水溜りの中で沸石という鉱物に吸着され、その後の地下水の流れの変化で再び濃縮したものである。

b　千七百万年前頃　—大型ほ乳類デスモスチルスも棲息

本郷累層という七十メートルの厚さの淡水湖成層からなり、火山噴火の激しかった頃である。したがって岩石中にも軽石粒や凝灰岩が甚だ多いのである。砂岩、泥岩が互い違いに積み重なっている。下部の地層にはケヤキの仲間、石灰岩地方を好む植物のツゲの仲間がみられるので、今日程度の気温だったようにみえる。一部の木片には水晶と同じ珪酸分が植物組織と入れ替わって沈着し、年輪はあってもすごく重たくなっている珪化木もできている。

この上の地層は明世《あけよ》累層という。ここから海成層になっている。盆地中心部の下部地層中にはビカリヤという巻貝、本州東北部の浅海に棲息するウソシジミが連続して産出する。火山噴火が頻繁にあって、どこでも凝灰岩層が目に付く。上部の地層には自然に

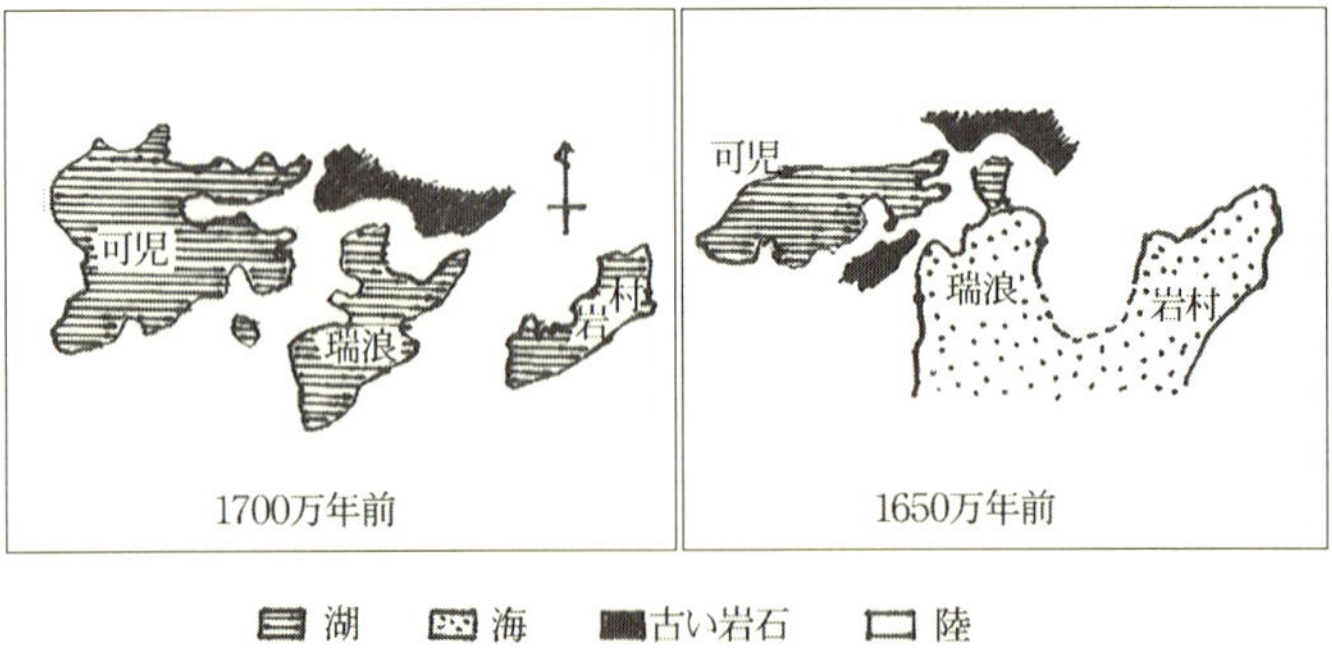

瑞浪層群堆積古地理

できた木炭、コハクがある。コハクは松脂が固まったもので、昆虫が封じ込められている場合もある。

地上にはデスモスチルスという大型ほ乳類がいたし、海にはミオジプシナとオパキュリナという有名な大型有孔虫がいた。この化石は示準化石として世界的にも重宝がられている種なのだ。海底にはウニの仲間、多くの熱帯系貝が棲息していたというから、植物が示す気候よりも一段と温暖だったのかもしれない。少なくとも暖かい黒潮からの分流に洗われていたはずである。

瑞浪層群の最上部は生俵《おいだわら》累層という。均質な泥岩層で、基底には礫岩があって明世累層を不整合に被覆する。つまりいったん陸上に出て侵食を受け、再び沈降して堆積が始まったのだから、時間的間隙が挟まれているわけである。貝は少なくて植物は温暖気候を示すという。

ウソシジミ

ビカリヤ

歯

デスモスチルス

オパーキュリナス

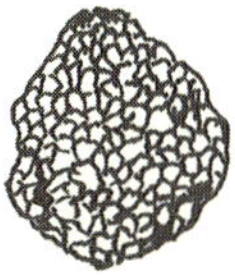

ミオジプシナ

コノドント

東の岩村盆地では二つの累層に分かれていて、下部を阿木累層という。層の厚さは六十メートルで花崗《かこう》岩の小さな礫や地元の山からの流紋岩の角張った礫の集まった礫岩層の上に凝灰質砂岩、シルト岩がある。動物化石はなく、温暖系のメタセコイアとやや冷涼系のハクウンボクが共生する。山からの流入もあるので、どちらも貧弱な産出状態ならば温暖系を重視して気候を判断した方がいいのである。

　貝が見当たらないことから湖は淡水だったと考えられるようだ。上の方の地層は遠山累層といい、不整合で下位層を覆う。岩相は阿木累層とほぼ同様であるものの、今度は貝が多く見られるという特徴がある。ビカリヤ、エガイ、ウミニナ、フネガイ、カガミガイ、シラトリガイなどである。これらは半汽水から浅海の環境に棲息している貝である。海面が上昇して瑞浪盆地と岩村盆地はつながり、南に海は広がるわけである。

もう一つの可児盆地はどうなっていたのだろうか。下部から蜂屋累層、中村累層、平牧累層に分けられている。蜂屋累層は火山噴火によって生成された地層で、噴火に伴う凝灰岩、砕屑岩類の堆積を主体においており、火山活動は六つの段階を経ているという。最初は北西部の乾いた陸上で噴出し、次の段階からは中央部ないしは南で活動した。相次ぐ活動の過程で湖沼を作り、遂には水中噴火となっていくのである。

こんな中でもポプラ、ヤナギ、カバノキ属、トウヒ属の阿仁合型植物群という寒冷系植物化石を沈殿させており、昆虫や鯉の仲間、ケイソウも棲息していたのである。

火山活動の時期はカリウム―アルゴン法で測ると二千二百万年前というから、瑞浪盆地および岩村盆地の瑞浪層群よりも一昔前の出来事となるわけだ。中村累層になってほぼ同じ時期に入る。礫岩、凝灰質砂岩、シルト岩の互層を一サイクルとみて、全部で四つ認められる。多分海面の上下運動のリズムを反映しているのであろう。ほ乳類として報告された「夢を食べる」というバク、シカはいずれも現生種ではないけれども、珍妙な動物である。貝は淡水棲ばかりであり、植物は湖沼の水生植物として通常見られるハス、サンショウモ、カワホネ、ヒシモドキが岸辺近くの水面を覆い隠していたことだろう。これらの植物だけからは気温の推定は困難であるけれども、阿仁合型植物群に対比されるので寒冷だったというのである。平牧累層の岩相も他の地層と類似している。ウマの仲間、淡水の貝、アオウキクサという水生植物、暖かそうなフウ、シマモミがある。後の二つは台島型植物群に対比されるが、落葉広葉樹も多いそうで、温暖ではあっても夏と冬の温度差は大きかったらしいと説明されている。

地殻変動は東側および南からの押す力を受けて南側へ緩やかに傾いている。古い岩盤に抵抗される直前の位置では地層が手前に曲げられたり、逆断層を引き起こされていて、傾斜が急勾配になる傾向をみせるのである。

9　御前崎地方

a　御前崎地方の六百万年前頃　―千七百メートルの厚さをもつ相良層群

本地域の研究は関東地方と同様に、実に多くの研究者が参加している。そのために地層の重なり方を示す層序だけみてもいろいろあるわけで、それだけ難しい場所ともいえるであろうか。多くの研究者はこの時代の地層を相良《さがら》層群と呼んでいる。厚さは千七百メートルにも達するのだが、岩相は基底部と最上部を除いて、ほとんどが泥岩層と砂岩層の互層であったり、塊状泥岩層だったりで単調な感じを与える。貝の化石とか有孔虫の化石から当時の堆積環境がわかるわけだが、外海の水深二百メートルよりも深い、大陸棚の斜面かそれよりも深い海底の堆積物だから単調なのであろう。陸から運び込まれた砂や泥だけが静かに沈殿したのである。たぶん、何年に何回という大洪水の土砂だろうと思われる。深いために洪水時に運ばれた粒子の粗い粒が沈殿し、次の洪水時までは細かい泥が乗るというリズミカルな繰り返しになるのである。

火山噴火による灰の落下も何回か認められる。こんなに深い場所でもしっかりと層を成して残っているからにはよほど大量に舞い降りたのであろう。地殻変動はフィリッピン海プレートの潜り込みの現場近くだから大きくて当然であろう。御前崎近くに大規模な二つの背斜構造とその真ん中に一つの向斜構造がある。背斜をつなげた軸は北東―南西方向に伸びていて、いかにも南東側からの応力を受け続けた印象を与えるではないか。御前崎のすぐ近くでは小刻みな褶曲《しゅうきょく》が集まっている。

軸の近辺ではとりわけ傾きが急で、大きな背斜軸近くでは九十度を越えて反対側に逆転している場所だってあるのだ。断層は見られないというから、長い時間をかけてゆっくりと押されてきたのである。その運動はずっと後に堆積した段丘礫層にも影響を与えているそうである。すなわち、数万年前までは続いているのである。

静岡大学にみえた土隆一博士によると、相良層群の堆積時には堆積盆地の中心は南東部の相良―地頭方地域にあり、後に堆積場所が北西へ拡大し、現在の菊川町満水《たまり》付近にまで達したという。

b　三百万年前頃　―泥岩と砂岩が互層をなす掛川層群

この時期の堆積物は掛川層群という。厚さは千百メートルに達し、十五センチ内外の厚さで砂岩と泥岩とが互い違いに規則正しく堆積している。砂と泥が同時に深い海に流れ込んだのであろうが、深すぎたり、流れがあったためか明瞭な級化成層は見せていない。つまり粒が次第に上にいくと細かくなるという風にはなっていないのである。上部には厚さ十メートルの白色火山灰層が二枚挟まっている。この時期から次の新しい時代、すなわち曽我層群積成時の火山活動はいずれも長期にわたって噴煙を上げるという特徴がある。昼間でも薄暗い日々が何日も続いたことだろう。

堀ノ内付近では貝の化石の報告は水深二百メートルを越える大陸斜面に棲息する種がただ一種だけであるけれども、もっと西の砂岩層には浅海に棲む貝が多数見つかっている。東西で環境が著しく変化していたのである。

土隆一博士の説明によると、相良層群堆積当時の海底盆地の中心部だった位置よりも西方の菊川町に海底盆地が新たに形成され、そこに掛川層群の砂岩泥岩互層が沈殿し、同時にそれまで厚く堆積していた相良層群は先に述べた背斜形成で隆起し始めたのだと

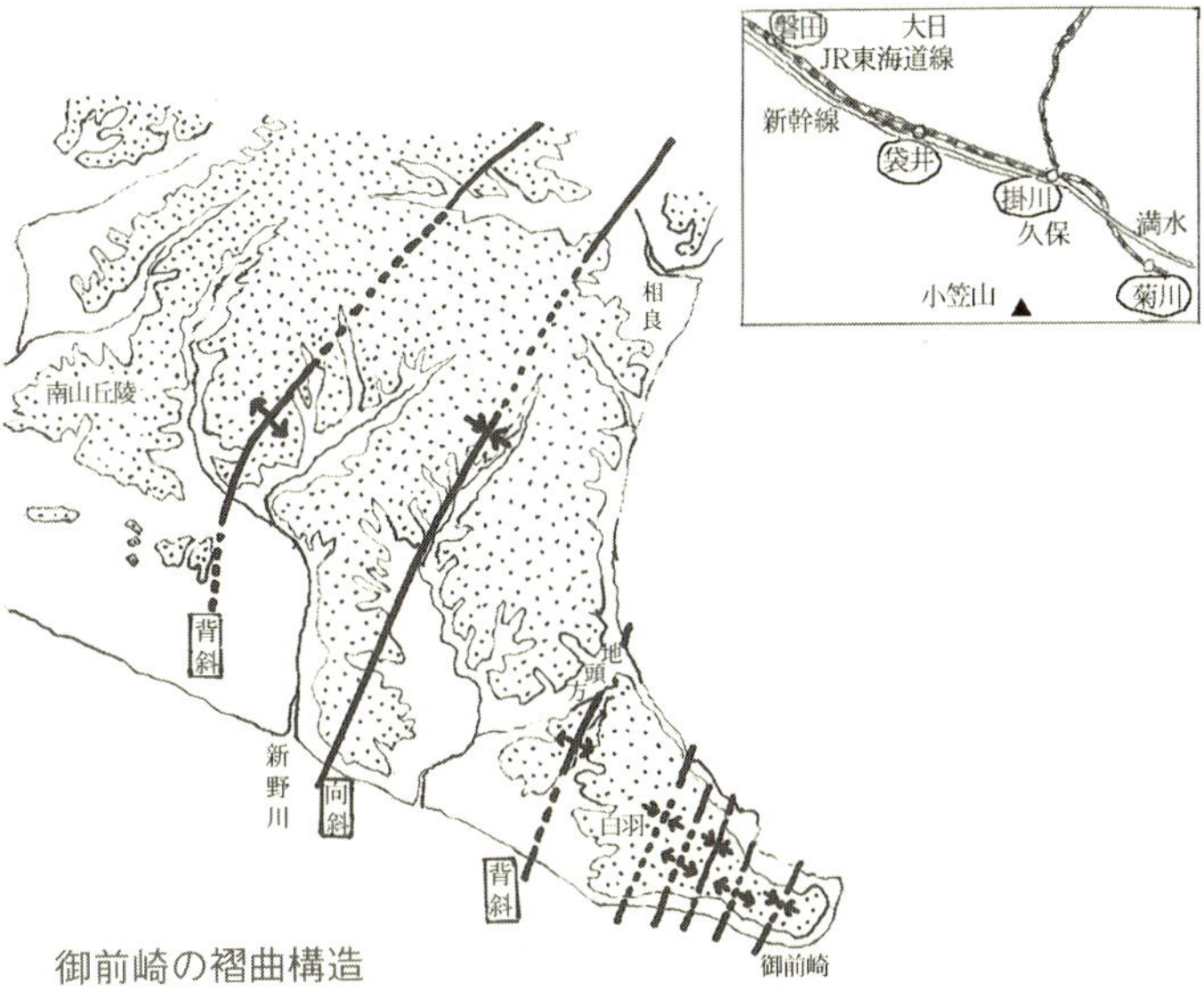

御前崎の褶曲構造

いう。掛川層群の堆積末期には北西方の袋井市大日町付近の古い岩盤の上にも海が広がり、さらさらした褐色砂の上に貝が棲みついたのである。最上部を除けば、台湾以南の熱帯系の貝が多いことから現在よりも高い水温だったと推定できる。

植物化石は掛川市久保町から二十種ほど鑑定されている。一番多い種はスギで、次いでハンノキ、コウセキブナ、トガサワラ属、サワグルミ、トウヒ属のマツハダがあり、温暖系と寒冷系が混合している。古そうな種としてはフウ、セコイア、メタセコイア、ランダイスギ、イヌスギ、種子に稜線が五本ある絶滅種のエゴノキ属も確認されている。また袋井市西部の中川町ではイヌスギの毬果が密集して産出していたし、トガサワラ属も絶滅種で、毬果に緑色がまだ残っていたのには感動したものである。

中川町の北方にある赤根町では冷涼系の針葉樹のヒメバラモミが川上から流入している。一方、低地にはメタセコイアも共存しているのだ。冷涼系とか寒冷系は山からの搬入もありうるから、やはり湿潤温暖な気候だったとみるべきであろう。

本層群の地質構造はゆるく西北西ないし南西へ傾斜している。それも西へ向かうほど小さくなる。どうも背斜形成と菊川町辺りの盆地形成が重なり合って作用しているようにみえる。この運動は後の新しい地層である小笠層群にも影響を及ぼしているので何百万年も継続していることになる。

C　二十万年前頃　—きびしい乾燥期を示す植物化石

この時期は先に豊橋地方で述べたように、温暖で著しい乾燥気候に支配されていたのだが、少なくとも関東地方まではその証拠を植物化石から確認することができた。本地域の古谷泥層がこの時期の堆積物に該当する。幸いなことに、この地でも植物化石を古谷泥層の下部と上部の二カ所から相当数発見することができた。下部にはやや冷涼な気候を好むハクウンボクの種子が目立ち、メギとかサイカチのような刺《とげ》を持つ植物がそれに続いている。他にはクリ、クルミ、エゴノキ、コナンキンハゼ、カシ類が低地の植物生態系を形成していた。最上部にはカヤの実が多量に流されてきており、ハンノキ、アカシデ、ヒサカキ、フジが多い。次に多いのはアサダ、ムクロジ、シナヒイラギモチ、ケヤキ、カシ類である。乾燥気候を暗示するセンダン、アブラギリ、アカメガシワ近縁種、コウセキハマナツメも数は少ないが出現していて、同時期と思われる渥美層群の豊橋累層の植物と共通する種が多いのである。ただし、この地ではクロマツは全く見つかっていない。植生の違いであろうか。池とか湖沼にはヒシ、マツモ、ヒルムシロが水中や水面上に顔を出していた。ここの植物で特に注目されるのはアデクという潅木である。九州南部を北限とする亜熱帯植物だからである。やはり今日よりも二ないし三度は温暖で、乾燥していたことが裏づけられるのである。この住み心地のいい場所で大型のほ乳類のナウマン象が生活していたのである。

地理的な環境はといえば、海面が今日よりも二十メートルほど高い時期だったので泥の上には砂、その上には海浜礫が重なっている。地質調査所の杉山雄一技官はこの砂を京松原砂層、礫を落居礫層と名づけた。それぞれ渥美層群の杉山砂層、天伯原礫層に対

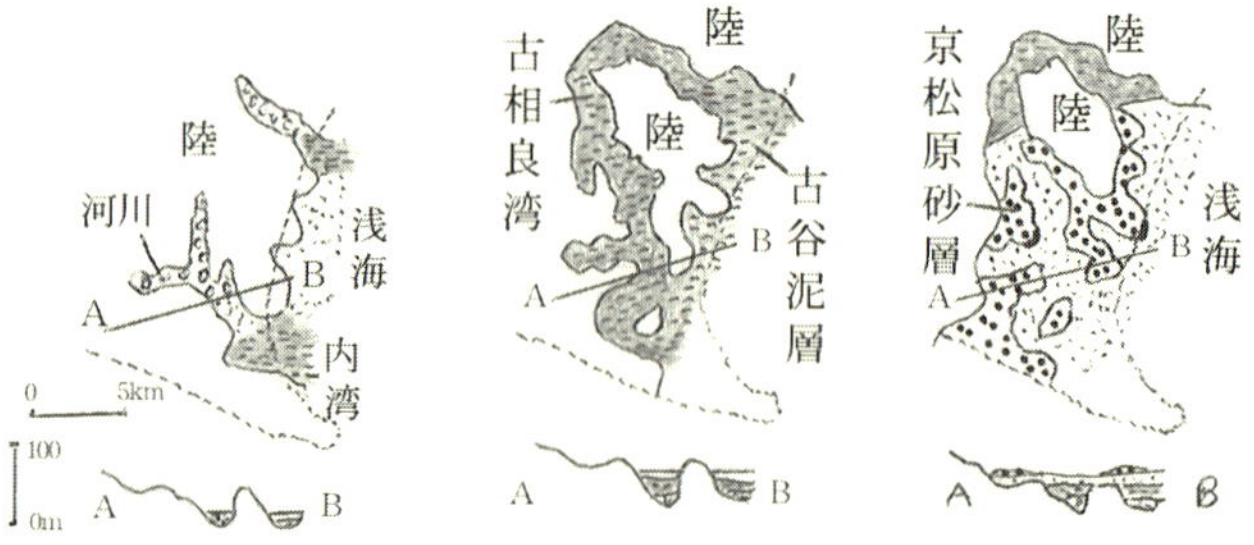

御前崎付近の古地理変遷

比されるはずである。そして一度海退した後で再び海抜高度二十メートルあたりまで海面が戻ってきたときに、南に分布する笠名段丘堆積物が堆積した。これは主として海浜礫で構成されており、渥美半島の福江礫層および新所原礫層に対比されるものである。八万年前の堆積だから、堆積面の高さが九十メートル以上に上昇しているということは年一ミリ程度のゆっくりしたペースで地盤上昇が続いたことになる。

さらに上に不整合で重なる牧ノ原礫層は百メートル以上の高度を有するから、北方方面の方が隆起のスピードが大きかったようである。そのためだろうか、谷間の開析が時代が新しい割りに進んでいるのがこの地域の特徴となっている。

10　静岡地方の三十万年前以降

有度山のある日本平丘陵を見てみよう。最下部に露出している根古屋累層は三十万年前頃に海に堆積していたという。濃い青灰色のシルト層で、礫もレンズ状にしばしば挟在する。オオキララガイ、ベニグリ、オオスダレ、トウキョウホタテといった暖流系外洋性貝類が棲息していた。大陸棚の縁辺部かその先にある、急に深くなる大陸棚斜面上部あたりの環境だったようである。鮫も付近を泳ぎまわっていた（76ページ参照）。

ミンデル氷期第一波が過ぎた四十万年後の亜氷期の海面低下で再び浅くなり、古い安倍川の礫が山から平野に入って流れを弱めながら扇状地を形成するように、海に向かって埋め立てていった。扇状地と三角洲を複合した、いわゆるデルタファンというタイプになったのである。その頃、造盆地運動が進行を速めていったので、大量の久能山礫層が積み重なって百メートル以上の厚さになっていった。付近にはナウマン象がいたようで、遺体が流積しているのだ。

造盆地運動はまだ継続してはいるものの、それよりも気温低下による海面の下がりの方が大きいので、相対的に浅くなると共に、古安倍川の流れが西の方へ主要な流れ筋を変えたのであろう。それは今日の流路に近いものだったのかもしれない。自然の川は石ころのような堆積物を捨てて土地が盛り上がってくると、今度は横のより低い方へと向きを変える習性があるからである。そうして礫の搬入が途絶えると、本来の内湾の姿を具現化し始める。下部の粘土質シルトには内湾を示すウミニナ、カキ、シズクガイ、アラムシロ、オキシジミ、ヒメシラトリが泥の多い底や岩場に棲みつく。上部では海進がさらに進んで、外洋の褐色砂にはイタヤガイまでもが見られるようになる。この一連の地層は草薙泥層と呼ばれている。(36ページ参照)

植物化石は保存が悪いけれども、最下部からはモミ、マツハダ、カラマツ属が上流から流れ着いている。暖帯要素のアラカシもあるが少なく、低地でも冷涼系のサンザシ属の方がむしろ優勢なので、今日よりも幾分涼しいだろう。ネズコ、サワラの針葉樹も山には生育していたのである。ところが数メートル上の地層に入るとがらりと様相を変えてしまう。暖帯要素のヤマモモ、コナラが圧倒的に多く、ウラジロガシ、イチイガシ、フジがそれに次いで目立ってくる。明らかに温暖気候である。さらに十数メートル上では再びひどい寒さに見舞われるのである。カラマツ、マツハダ、ブナ、ヤマハンノキ、アカシデ、ヒメシャラ、ミズナラが多いからである。リス氷期の湿潤寒冷気候なのであ

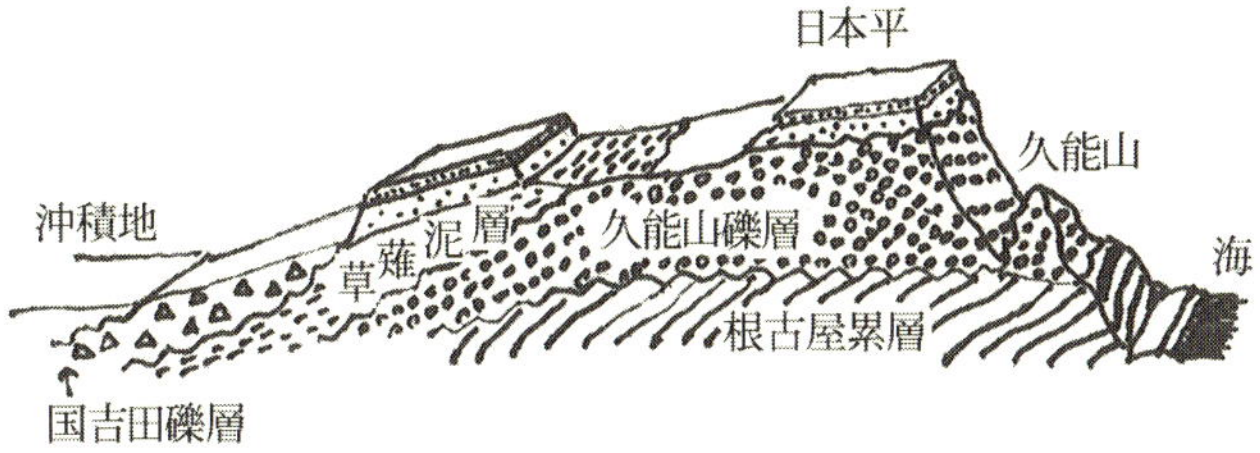

日本平の地質模式図

ろう。さらに十メートル上の時期では山にはモミ、ツガ、マツハダ、サワラの森林があった。幾分寒さはやわらいだ感じだが、まだ今日よりも寒い。低地にはフジ、エゴノキ、カシ類も出始める。三十メートル上の堆積期に移るとモミ、マツハダ、ツガ、サワラ、ネズコの針葉樹が優勢である。低地、丘陵地ではハクウンボク、ミズキ、イヌブナ、サンショウ、フジ、バラ属が見られる。こうして見ると、大きな氷期の中でも小刻みな気温振動があったという感じである。

やっと氷期を抜け出すと当然のことながら海面は上昇する。そのスピードは地殻変動の比ではなく速いのである。そこへ再び古い安倍川が捌口を求めて東へ方向転換するわけである。小鹿礫層が堆積し始めるのだ。三十メートルの厚さというからそれほど長く続いたわけではなく、まもなく今までの造盆地運動から曲隆運動に転換するのである。その上昇速度は年三ミリ程度かと思われる。その間に黒潮から分かれた沿岸流によって南半分の土砂は削られ、三保半島を嘴状にこしらえるのである。三万年前に起きた次の海進では大小様々の礫を古安倍川が流し込むようになる。それが丘陵の北側に分布して、北に向けて緩やかに傾斜している国吉田礫層である。曲隆運動の方はまだ続いているのである。

歴史時代に入って縄文海進が本地域でも確認できたという。造礁サンゴの化石から当時の水温は今日よりも高く、海面は四メートルぐらいは高い状態だったらしい。

11　富士川町西部の[illegible]年前頃

富士川の右岸には富士川町鷺の上という場所があり、ミンデル氷期を印象づける寒冷植物が白色火山灰層にほぼ完全な姿で封じ込められている。イタヤカエデ、シナノキ、ブナといった温帯落葉樹林が低地に生えていたわけで、現在の東北地方の森林を彷彿させるのだ。この地層は湖底に最初に堆積したものである。この火山灰と渥美層群二川累層最上部の火山灰が同じ組成かどうかの確認はとれていないけれども、少なくとも外観上は極めて類似している。その火山起源はどこなのか不明ではあるが、こちらの方が厚いので、同一火山灰ならば、あるいは富士山内部に隠された古富士か地元の岩淵火山の噴火で舞い降りた公算が大きくなる。

それでも、とにかく当時は静かな湖沼を形成していた。水中にはマツモが生え、湖畔にはヨシが茂っていたのである。一方では古い富士川が植物の葉片を沈殿させていた。付近の平地には温暖系のブナ属として有名なコウセキブナという絶滅種とか常緑樹のマサキ、水辺を好むハンノキが森林を形成していたのである。山の方にはモミ、ツガ林があって、湖沼時代の大半は現在と同じような温暖湿潤気候だったのである。氷期が終わって海面が上昇し始めるとやがて海水が流入して汽水性の内湾となる。ナウマン象よりもやや古いタイプの東洋象も付近の陸上をのしのしと歩いていた。

雨季になると大洪水で大量の土砂が搬入するので、かっての深山幽谷を思わせる静寂な風情は見る影もない。大小様々な石ころがごろごろしていて、湾内を埋め立てていくのである。それを一気に飲み込むかのように地盤の方は沈下を続けるのだ。ついに二百メートルも沈んだところで耐えかねたかのように岩淵火山が大々的に爆発するのである。この火山は淡い茶色の安山岩という岩石から出来ており、富士山と同じ組成なのである。日本の火山起源の岩石としては最もポピュラーな岩石であり、南米のアンデス山脈もこの岩石でできている。溶岩、火山灰、火山噴火に伴う礫が交互に層を成しながら成長していった富士山タイプの一種の成層火山だったのであるが、今はかってのその面影はない。火山の屍といった感じで何とも侘しい姿である。地下からの猛烈な突き上げを何度も受けて、緑色の湖成層とその上の砂利層は東西両端が断層で切り取られるのである。地層の下底部は一部滑り落とされて、急傾斜しながら火山礫、火山灰の集合体の上に乗かっている。寒冷系の植物化石を内在する白色火山灰層は、まさにその引きずられた地層に当たるわけである。

12　遠州中西部地方

a　数百万年前頃　―メタセコイアの化石が語る

渥美半島では百万年前以前の状況は地下に地層が隠れていて、はっきりと確認できない。半島基部の浜名湖西岸近辺での深い井戸から得た資料によると、砂礫が交互に堆積している状況が報告されてはいるが、果たして礫層の下部が不整合なのかどうかもはっきりと確認できていない。

浜名湖を越えて東へ進むと磐田原の台地があり、それをさらに越えると小笠山丘陵がある。ここには礫層を主体とした千メートル以上の厚い地層が地上に露出している。これを小笠層群と呼んでいる。この地層は興味深いことに、礫層が積み重なった最後には数メートル以下の、あまり厚くはない青い色の砂泥層が乗っており、その中から植物の種子や球果の化石がしばしば産出する。その植物から当時の気候が読み取れるのである。

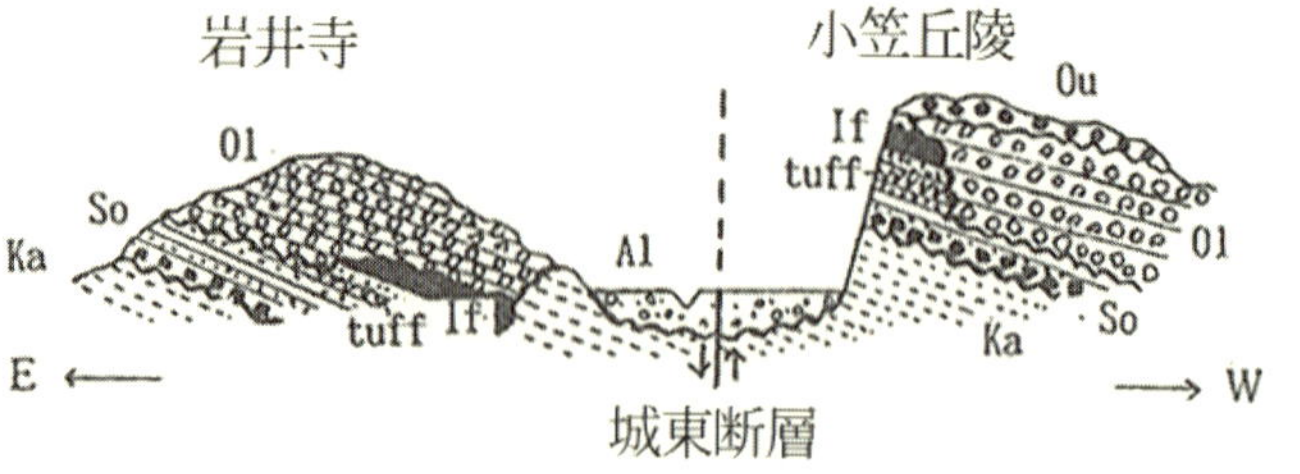

Ka: 掛川層群, So: 曾我層群, O1: 小笠層群下部
Ou: 小笠層群上部, Al: 沖積層, If:層間異常
tuff: 火山灰層

小笠丘陵と岩井寺間の地質断面概念図

その多くは寒冷期に入ったことを暗示していたのである。そして、その青色砂泥層の上縁にはいつも明瞭な不整合面が確認できる。このことは明らかに寒冷期に入って海面が下がり、不整合が形成されたことを意味している。地球が寒冷期に入ると、極地方の大陸氷河が成長して海水を陸上に固定化するので海面が下がるという道理なのである。

このように大粒な礫層に始まって、堆積が上にいくに連れて順に粒が細かくなり、やがては寒冷期の砂泥層で終わるというリズミカルな繰返しが実に十回以上も認められるのである。これらの特徴は多くの研究者によって研究されてきた近畿地方の大阪層群の特徴にそっくりなのである。しかも産出する植物化石の組み合わせから同じ時代かどうかの判定もできるというわけだ。小笠層群の礫層の中部の層準にも時々砂泥層が挟まっており、その中から採集した植物化石には温暖系のメタセコイアが多産した露頭（崖など）があった。この植物化石は渥美層群には全く存在しないもので、もっと古くて今から百万年以上前の地層であることを暗示しているのである。メタセコイアは三木茂博士が近畿地方の地層から採集された化石から、その生態まで詳しく発表された後、中華人民共和国四川省の奥地で現生しているのが発見されたという「生きている化石」として衆目を集めた植物なのである。

メタセコイア以外にも同時期の古さを示す植物化石がいくつか発見されている。例えば、葉に鋸歯があるランダイスギが目立つのもその一つである。この植物は本邦からは絶滅種であるが、台湾の山中には今も自生している針葉樹であるし、オオバラモミも絶滅した寒冷系針葉樹である。ここで寒冷気候を示した植物の代表はブナである。平地では現在は東北地方でないと見出せない、有名な寒冷指標種なのである。針葉樹ではトウヒ、マツハダの寒冷種も指標植物となっている。蝶の幼虫であるケムシの糞も時々出ている。

地層の厚さが必ずしも時間の長さに比例するわけではないが、一応の参考にはなるであろう。この前提に立てば、小笠層群が堆積を始めた初期の頃は四十メートル程度の比較的薄い厚さでリズミカルな繰り返しを見せている。気温変動が早い周期で訪れたのではないだろうか。火山灰が頻繁に降り注いでいる時期でもある。

小笠層群の下位には不整合で曽我層群という青色砂泥層がある。この一段と古い曽我層群には何本かの白色火山灰層が挟まれており、その厚さは小笠層群のそれよりもはるかに厚くなっている。その活動の最盛期には昼なお暗い日が何日も続いたことであろう。陸上にはそれらしい火山源は見当たらないから、たぶん近くの海底火山から噴出したものと思われる。

一方、植物化石はこの地層の古さを証明してくれるのだ。例えば、イヌスギはその典型的な指標であろう。この化石は小笠層群最下部からも出現している。現在の日本からはとっくの昔に姿を消していた植物なのだが、中華人民共和国の広東省の温暖な湿地に生き延びているのが発見され、今では兵庫県の宝塚植物園とかいくつかの国立大学の植物園でも育成されている。新第三紀を暗示するこの植物の存在からみて、何百万年も昔の駿河湾沿岸は長期の湿潤温暖気候下であって、しばしの寒期も挟んでいたようである。

現在、袋井市や掛川市の東方にある牧ノ原台地の東を縁どって南下している大井川は、当時は流路を南西に向けていて、怒涛のごとく激しく急深の湾内に注ぎ込んだ。世界的な規模で展望すると、大きな川から静かな湾内に土砂を運搬する時、その先の湾内に三角形をした三角州を形成する。しかし、山から平野へ流れ出た時に形成される扇状地がそのまま海に入ると、いわゆるデルタファンという中間的な地形となる。ごろごろした石ころが海を埋め立てていくわけだ。山国の日本では真の下流が少ないため、このようなデルタファンが実に多いのである。古大井川の南西への流路は牧ノ原台地が形成し終る数万年前まで延々と何百万年もの間続けることになる。

標高二百五十メートル近い小笠山は曲隆運動で出来たと考える学者もいるが、私は傾動地塊だろうと思う。曲隆運動と解釈する学者の根拠は断層が確認できないからだという。私も調査した所、明瞭な断層は確かに確認できなかったけれども、断層が走っていると推定される場所は侵食が進んでいて、断層自体の確認は難しい場所なのである。大規模な断層にはそれに平行する副断層が小規模ながら存在することが多く、その副断層は私も確認している。断層本体を挟むと思われる両側の地層を丹念に調査すると、曽我層群最上部に認められる波浪による大擾乱《じょうらん》を示す特徴のある岩相から、同一層準と同定した地層が互いに上下に百五十メートルもずれている。これらの事実から断層の存在を確信して、城東《きとう》断層という名称を与えたのである。何回もの地震に見舞われる度に数メートルずつのずれが積み重なって山を形成したのであろう。そして小笠山が出来上がったのは渥美半島とほぼ同じ十万年前頃であろう。

b　七十万年前以降　―ナウマン象、ワニ、シナガメなど多彩な動物が棲息

浜名湖の南西側には渥美層群の東への続きがあって、最下部は青色シルトから焦げ茶色の砂岩に変わっている。内湾の中でも既に古天竜川の河口に接近してきたからであろう。二川累層最上部の白色火山灰層はこちらでも確認でき、その下に接近して青灰色の砂泥層がレンズ状に挟まっている。植物化石の葉片が重なって泥層の中に埋められている。ミンデル氷期最盛期の頃らしく、湿潤寒冷系のブナ、シナノキ、イタヤカエデ、カツラが低い山の谷筋に茂っていたのである。

気温が上昇して海面も上がってくると、コウセキブナの森林が各地で見られるようになる。その後しばらくの間は古天竜川が運び込む玉砂利ばかりを受け入れていたのであるが、次の海面低下に移り始める頃になると古い川は流れを東側に移したようで、鷲津町辺りにはかなり大きな湖沼が形成された。岸近くの水面は各種のヒシ類で埋め尽くされ、まるで緑の絨緞《じゅうたん》を広げたように見えたことであろう。主役のヒシはシリブトビシという絶滅種で、近畿地方のこの時代に数多く産出している種類である。いわば現在のヒシの祖先型といえるものである。

浜名湖の西方一帯は次の海進で再び玉砂利を迎えるのだが、浜松市の市街地の方は内湾が形成され、湾底には暖水を好むハイガイが多かった。ナウマン象の牙、歯が浜名湖東部から出現しているので、この象は当時の静岡県界隈も好んでいたようだ。背後に聳《そび》える南アルプスに抱かれて、温暖でかつ餌にも事欠かなかったのであろう。この象は中華人民共和国北部の草原地方で生まれ、ミンデル氷期の海面低下で陸続きになった大陸との掛け橋を通って、馬、野牛、オオツノジカ、イノシシと共に移住してきたのである。その後南は宮古島から北は北海道まで広く棲みついたことが知られている象である。フィッショントラック法による年代測定では四十万年前頃というから、渥美層群の高松の貝が堆積していた頃に当たる。気温は現在よりもいくらか温暖な状態であったのだ。

　今から三十年ほど前に浜名湖北の引佐町谷下《やげ》の石灰岩割れ目からワニの化石が発見された。大阪大学敷地内から出たマチカネワニに似ているが、やや小さいそうで、どうも新種らしいという。浜名湖北東部の井伊谷町から採集された植物化石のセンダンから、当時は現在よりも温暖で乾燥した空気に包まれていたことがわかっている。その時期は二十万年前頃なのでナウマン象を多産した時代よりも一時代新しいようにみえる。ワニの他にもカワウソ、シナガメがいたし、淡水魚もたくさん泳いでいた。近くに古天竜川と繋がる湖沼があったのであろう。ワニたちは古三河湾を泳いで古天竜川に入り、さらに湖沼へと侵入したのである。

この時期に堆積した浜松累層の植物化石は時間的にも幅があって、産地によってタイプを異にする。浜松市市街地の泥層から数多く見つかっている化石は、ほとんどが平地か丘陵に生育していたもので、保存状態からみてあまり上流から運び込まれたものではないようだ。絶滅種のコナンキンハゼ、コウセキハマナツメ、コウセキブナが多い点は渥美半島のそれに似通っている。他にはミズキ、エゴノキ、グミ、ハンノキ、アカシデ、コナラ、クルミ、フジ、ツゲ、クマヤナギ、シナサワグルミ、イチイガシ、ゴンズイ、イヌザンショウ、ハマヒサカキ、ムクロジ、サザンカが低地で原始林を形成していた。また、海岸近くではクロマツ、海水の混じる池にはカワツルモが生え、ヒルムシロ、シリブトビシ、オニバスも淡水湖に普通にみられる情景であった。川の上流中流方面にはモミ、スギ、ツガ、ヒノキ、アスナロ、サワラ、カヤ、アマミゴヨウ、トガサワラといった針葉樹ばかりの森林があった。古そうな種としてランダイスギという台湾山地の現生種もある。この地で温暖乾燥気候を特徴づける種としてはセンダンがあるくらいで意外に少ないのは、時代が渥美層群上部とは若干ずれているからかも知れない。大半は浜松の方が少々古いように思われる。

リス氷期が到来して一度海面が現在よりも低く下がると、古天竜川は浜名湖の出口付近を南下し、その右岸に新居町で見られるような侵食崖をこしらえた。次の海面上昇は汎世界的な造陸運動で、現在よりも二十メートル高い位置まで達するに至った。新所原の平坦面はこの時形成されたものである。粗大な礫の集まりである三方原礫層はウィルム氷期の第一波の寒冷期を挟んだ後の五万年前頃の海進でもって流入した。いうなればゲトワイゲル間氷期という時期に相当する。その堆積面が平坦な三方原面なのである。この時期の礫はどこも淘汰の悪い、つまり大小様々な石ころがごった返しながら運搬されているので頻繁に大洪水が襲ったのであろう。

あとがき

本書の中で書いてある解釈については専門家の中には異論を唱える方もあろうかと思われるが、現段階では筆者が最も妥当と考える解釈に基づいて記述したつもりである。また専門家の研究成果の紹介で、正確さを欠いた箇所があるいはあるかもしれない。一般の方々にわかりやすく噛み砕くという観点からの記述のためで、その点はお許しいただきたいと思う。植物名や貝の名前が随所に登場するけれども、その主な種についてはなるべく図示することにした。すでに絶滅した生物が大半なので名前を出すだけではあまり意味がない。さらに詳しく知りたい方は、現生種ならば図鑑に載っているからその生態なども比較されると面白いかと思われる。

地質研究に限らず研究者たる者は記憶力だけに留まらず、思考力、創造力、表現力が重要であり、それに加えて独立不羈《ふき》の気構えが不可欠である。大学教授といえども必ずしもこの適性に合致しているとは限らないので、先輩や恩師の見解におもねることなく研究に勤しんでもらわないと学問の進展が阻害されてしまうという懸念を覚える昨今ではある。これは若い研究者への筆者からのかねてからの要望なのである。

　東海地方の将来についての予測は過去の地質学的経過から推定する限り、造盆地運動を続けている地域、すなわち伊勢湾とか天竜川河口沖合では隆起して丘陵を形成するはずである。それはとりもなおさず頻繁に大きな地震が襲うことを意味するのである。東海大地震の震源も案外天竜川沖合になるかもしれないのだ。

　東海地方の過去の姿を知ることはある意味では楽しい一つのロマンであろう。本書が後世の人たちにも末永く愛読されることをひたすら願いつつ擱筆する次第である。

参考文献

一　黒田啓介『数十万年前の東海地方はどうなっていたか』近代文芸社
二　井尻正二・湊正雄『地球の歴史　第二版』岩波新書
三　望月勝海『静岡県の地質』静岡県
四　岩田利治・草下正夫『邦産松柏類図説』産業図書（株）
五　杉山雄一ほか『御前崎地域の地質』地質調査所
六　牧野富太郎『日本植物図鑑』北隆館
七　糸魚川淳二ほか『中部地方Ⅱ』共立出版
八　市原　実ほか『近畿地方』共立出版
九　土　隆一『静岡県の自然景観』第一法規出版（株）
十　第四紀総合研究会『日本の第四系』地学団体研究会
十一　岡本省吾『原色日本植物図鑑』保育社
十二　岡本省吾『標準原色図鑑全集8』樹木　保育社
十三　吉良哲明『原色日本貝類図鑑』保育社
十四　庄子士郎編『愛知県地学のガイド』コロナ社
十五　菅谷義之『東三河大地のなりたち』鳳来寺山自然科学博物館
十六　池田芳雄編『親と子の面白地学ハイキング　東海編』風媒社

[著者紹介]
黒田　啓介（くろだ・けいすけ）
1935年、豊橋市生まれ。59年静岡大学文理学部地学専攻生課程修了。清水市立第五中学校、東海大学第一高等学校、愛知県立蒲郡東高等学校、愛知県立宝陵高等学校勤務。文部省嘱託委員を6年務める。
日本地質学会会員。日本第四紀学会会員。名古屋地学会会員。静岡県地学会会員。1996年より、クライネ美術館館長。貸別荘経営。
著書に『愛知県地学のガイド』（庄子士郎編、コロナ社）、『親と子の面白地学ハイキング』（池田芳雄編、風媒社）、『数十万年前の東海地方はどうなっていたか』（近代文芸社）などがある。

装幀＝夫馬デザイン事務所

東海 風の道文庫　4
太古の東海をさぐる

2007年9月20日　第1刷発行　　（定価はカバーに表示してあります）

著　者　　黒田　啓介
発行者　　稲垣　喜代志

発行所　名古屋市中区上前津2-9-14　久野ビル
振替 00880-5-5616　電話 052-331-0008
http://www.fubaisha.com/
風媒社

乱丁・落丁本はお取り替えいたします。　＊印刷・製本／モリモト印刷
ISBN978-4-8331-0624-5